Cozy
Home
Style

Cozy
Home
Style

顛覆裝潢迷思

找到小家的味道

跟著家居記者突擊
25間個人風格小家

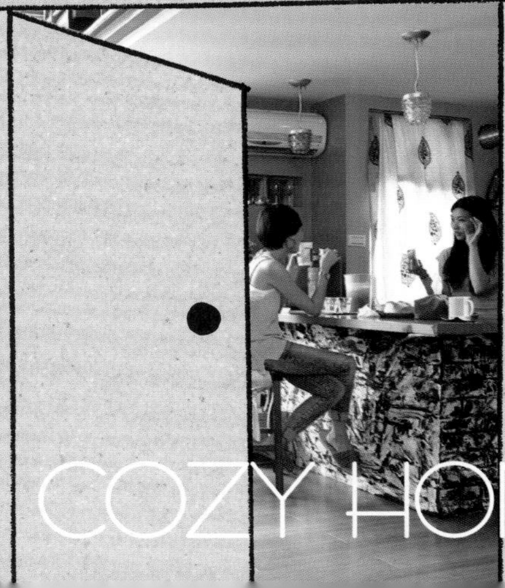

蔡婷如（Tina）／著

COZY HOME STYLE

suncolor 三采文化

推薦序／

三十個空間，充滿愛的家

三十個空間，三十個收藏故事的抽屜，在Tina的熱情中，一個一個的被充滿驚奇地展開。展開一篇篇感情的寫實，充滿傷痕、溢出的驚喜、難忘的戀情。

在這裡，每一次意外，都是一次生活創意的見証。匿名的創意，匿名的空間，匿名的人。匿名，因為一切都是那麼自然。名，只是一個符號，就像在照片中出現的許多物件，在脫離生活後的價值，只有孤寂。

游牧式的孤寂，流浪在時間的考驗中，淡淡的、謙卑的，被刻上了生活的史詩。空間，在都會遊蕩者（**flaneur**）的時間旅遊經驗中，似乎完全放棄了它被擁有的可能，它的臨時性與它被建構永恆的目地，產生了讓人不能諒解的矛盾。反觀，那些有有效期限的產品、物件，似乎在這些生活創意的洗禮中，更突顯了它們與時間共生的永久性。居室的空間，在這都市游牧文化中，己經完全與室內的生活物件脫離關係。

在Tina的觀察中，在故事主角的生活裡，建築似乎只提供了無關生活的盒子。它只是無情的表象：殘酷的壁癌、無水電的工寮、無止的漏水、沒有景觀的都市環境、與自然脫序的圍牆……。感動的是，這些缺點似乎都變成生活創意的泉源。

這三十個空間——三十個充滿愛的家，在這裡展現的不只是簡單生活的創意，它們代表的就是生活的美。

動人、自然，充滿自信的美。

林友寒，
林友寒建築師事務所負責人、
德國behet bondzio lin architekten主持建築師

推薦序／

風格丰格，每個人都自成一格

這是一個風格的年代，多元而小衆，濃郁而個性。
隨著不同的人，各自成就一種自己的味道。
這味道會跟著人的成長脈絡、學習背景、生活經驗，
甚至從不同旅行中的感動，型塑出自己的樣子來。

這不需設計專業，也不建議只思考複製重點，
更需要的是個人的眼光與思考，才不會風格會成為別人的風格，
過著別人的生活，而不是自己真實的樣子。

對於Tina，先不論這本關係空間的書，
她自己經營的小小咖啡館，便有著這樣的故事。
依稀記得當初開幕時，對於空間設計有著諸多採訪經驗的友人，
一起來訪時，憂心的建議這小店裡面少了甚麼，多了甚麼，
與許多具有整體設計風格的店家相比，太過於個性與鬆散。

我說：「別擔心，這是一個多元社會的風格年代。」
每一個主人只要有自己的概念，那麼這就是自己的，不是設計師的。
一轉眼，這鴉埠咖啡也已經好多年了，有著忠實的客群，穩定的經營。
而女老闆才有辦法退居幕後，將這些朋友們從自身手中設計出的風格空間，
一點一滴的經驗，分享給更多同樣希望打造自己理想好宅的案例。
不是嗎？

游智維，
風尚旅行總經理、
老房子事務所創辦人

作者序／

空間會依循你的靈魂，生成獨有韻味

做一件事，總是有原因的。

九年前，台灣還沒有那麼多賣雜貨的小店，沒那麼多賣二手家具的商家，跟家居有關的產業像是正在起飛，而我，不小心因緣際會的當了家居線記者後，才發現原來日常用品，就算是一雙筷子，一個杯子，甚至一個杯墊，都可以那麼好看。而空間，原來可以那麼千變萬化。於是，我愛上了這份工作。

這些年來的經驗，讓我有些小心得。關於居家空間，一般大致分成設計師空間和素人空間。設計師空間顧名思義，就是經由室內設計師的設計而進行改造，素人空間則是屋主利用布置或個人巧思改造空間。九年的採訪經驗，素人空間直到現在還是讓我保持著期待和驚喜，因為空間內充斥著主人心思，每採訪一個空間，都可以撞見不同的生活體驗。然而設計師空間卻總是讓我遇到一些疑惑，不禁去思考很多事情。

比如，曾經踏進一處美麗得像是美術館的居家時，一入門就讓我跟攝影師忍不住的「哇！」了出來。遊走其中，每一處空間都優雅的讓人讚嘆，直到在餐桌旁看到一個偌大的紫水晶晶洞唐突放在一旁，屋主不好意思的對我說：「是不是擺在這裡不大好看呀？我現在買東西都好緊張，不知道買來的東西適不適合這空間，還得打電話問設計師。」

比如，過去一度很風行鄉村風、新古典風、或是現在的工業風、現代風、北歐風居家。那麼，你就會看到那幾年的裝修風格，都是那調性。曾經我也遇過一度很迷戀鄉村風，整屋子全都是鄉村風家具的屋主困擾的對我說：「怎麼辦，我現在比較喜歡現代感的家具耶！麻煩的是這個家好像只能買鄉村風的家具，擺其他的都不適合。」

於是我去思考，為什麼這些人在自己家，卻好像住的不自在？其實跟設計師沒有關係，而是屋主本身不清楚自己到底要什麼，只是買了房子，就興沖沖的找設計師幫忙設計，住久了，卻又不習慣。

不要說別人，就連我自己幾年前曾經在住家附近租屋時，也親手布置了現在看來有點好笑的小屋，但當初已經認為自己布置得很好了。不過就是有持續的練習布置和思考自己想要的東西，於是如今自己的小屋，才能更完整呈現我想要的感覺。

從那時候開始，我有了一個小小的心願。想找很多好空間，無論是各行各業，只要空間凝聚屋主的居家概念，那麼就會有屬於自己的小故事。尤其是租屋空間，因為無法更動太多，反而需要凸顯居住者個性，更容易形成風格性強烈的小空間，重點是，如果他們可以布置成這樣，花費也不高，那麼，每個人都可以做到。

所以才有了這本書的出現。即使市面上已經有很多相關書籍，但我還是很想告訴大家，「空間會依循著主人的靈魂，而生成獨有韻味。」當你愈關注自己的空間，那麼，空間會愈有溫暖度。家，是每天居住的地方，值得被好好照顧。依照我的經驗，家裡愈舒服，心理的滿足感和踏實感愈高，生活會更容易快樂。至少我是這樣。

另外，居家美感是需要練習的，請不要等到你有了一個家，才開始看似用功的看很多裝修設計的書。其實無論你現在是住家裡或是租屋，總有面牆或是一處小角落屬於自己吧？那麼，請從現在就開始試著去改造它。相信我，透過這樣的練習，你對居家的品味會逐漸提高的！

蔡婷如
Tina

目次 CONTENTS

推薦序／三十個空間，充滿愛的家——林友寒 02
推薦序／風格丰格，每個人都自成一格——游智維 03
作者序／空間會依循你的靈魂，生成獨有韻味 04

01 找出生活品味
個人風格大展現，家不是設計師說了算！

從牆面找回憶，由圖像尋求安心 10
馬臉 工業設計研究所學生

就是要寬鬆，就是要慵懶 14
Lilian 童裝店老闆娘

與金錢無關，美感來自注入的靈魂 18
阿聰 專業攝影師

一切憑感覺，從撿到一個抽屜開始 22
阿光 藝術創作組學生

小物林立，不有趣的不收集 26
西瓜 自由文字工作者

讓回家像是跑時尚夜店 30
Victor 室內設計師 & Clavin 珠寶設計師

畫作、鮮花、蠟燭，勾勒溫暖租屋 34
Vanessa 家飾業行銷公關

「很自己」的古怪家飾個性窩 38
大叔 工業設計系研究生

跟隨導演工作燃燒的男子部屋 42
劉彥甫 影像創作工作者

把我的灰藍分享給你 46
蘇群 媒體傳達設計系學生 & 楊智超 學生

02 找到家的味道
小家就要有自我風格，管它十坪還是三十坪！

引茶入室，韻味迴盪宅內 52
經歷累積想法，堆砌家的樣貌

漆白木地板，捕捉光陰痕跡 136
量身訂做的三姐妹好日子

洞見建材初始風采，整合放大感空間 62
家具，夠用就好

老物堆積懷舊時光 74
記憶的足跡伴隨家具流轉

無法回頭的癡迷老件之路 86
十八年累積絕品蒐藏

遵行DIY，緩慢打造山居歲月 96
遠離塵囂的幽靜居家

斑駁牆面伴隨陶藝、字畫 106
自在瀟灑的人文居所

獨立設計監工，無畏零裝修經驗 114
大膽用色彩繪夢想小屋

設計單品堆砌視覺，玩具公仔滿足趣味 126
推手是一顆經典馬桶

最愛時間感家具、獨特櫃體 146
生活點滴成了最佳裝飾

帶點頹廢氣息的女人窩 158
家裡，我就是老大

拾荒當喜好，路上尋找老家具 168
重新賦予老家具新靈魂

Tiffany藍色壁面形塑了空間優雅 178
中西家具交織家居表情

六十坪大自宅一個人住 188
一切自己來，花草伴隨過日子

家，就是展現主人思維 196
頂樓無隔間，用心思點燃家的溫度

03 找回愛家的關鍵

破除空間布置與運用迷思，讓家更有愛的小祕訣！

動線截彎取直，空間感跳三倍 206
五坪空間，五臟俱全

忠於一個人的格局規劃 210
復古瑰麗醫生私宅

白色基調，巧用光影投射溫暖 214
下班後的簡約放鬆

融入峇里島家飾的紫色小屋 218
瀰漫對浪漫的堅持

造型柱引領動線，延伸視覺 222
白金華美景觀住宅

附錄／家居記者的私房採購筆記 226

Chapter 01

找出生活品味

個人風格大展現，家不是設計師說了算！

不要小看生活中任何讓你感興趣的東西，當你持續去累積和收集相關事物，那就是生活品味重要來源。它可以是空間的裝飾，更是個性的反應，把內心呈現出來，正是空間魅力之所在，看看許多不同職業、興趣與個性的人，如何將自身喜好轉換為空間的一角。

- 從牆面找回憶，由圖像尋求安心
- 就是要寬鬆，就是要慵懶
- 與金錢無關，美感來自注入的靈魂
- 一切憑感覺，從撿到一個抽屜開始
- 小物林立，不有趣的不收集
- 讓回家像是跑時尚夜店
- 畫作、鮮花、蠟燭，勾勒溫暖租屋
- 「很自己」的古怪家飾個性窩
- 跟隨導演工作燃燒的男子部屋
- 把我的灰藍分享給你

從牆面找回憶，由圖像尋求安心

「空間不就是生活感的呈現？家中每一張桌子、椅子，每一具立燈、桌燈，甚至是抱枕、床單，就連床頭、桌邊、凳子旁的擺飾，每一件物品購買瞬間，它就進入了生活。」

對圖象的癮頭，求庇佑

「你不覺得住在城市裡很可憐嗎？只有回到家裡，那個空間才真正屬於自己。所以空間就是要把它弄到很爽，住起來很爽，才可以真正得到休息。」

馬臉今年二十三歲，正在實踐大學念工業設計研究所，在學校旁租了間六坪大房間，布置花費不到兩萬元，最貴的是地板上IKEA的地毯。「要是拿掉地毯，空間好像被挖了一個洞！」

床頭掛布最搶眼，一入門就見到。馬臉說那是印度象頭神。導演友人一看就說「那是藥頭才會懸掛的東西嘛！」他笑說是因為許多電影塑造嬉皮形象時，藥頭的房間通常都很民俗風。馬臉找了電影黑色追緝令裡頭藥頭房間的影片讓我瞧瞧，的確充斥異國風情，「但我不是為了讓人家覺得我很嬉皮，只是單純喜歡這個圖樣。」

回頭搜尋了象頭神資料。在印度，象頭神象徵吉利和智慧，是讓人安心的守護之神。突然想起馬臉是個有點迷信的人，還記得去年過完年看到他，因為生肖犯沖，包包掛了一堆吉祥物。所以我相信他不是藥頭，因為更相信他比較希望得到象頭神的庇佑。

‧屋主小檔案

姓名：馬臉

年齡：23歲

職業：實踐大學工業設計研究所學生

喜好：音樂、設計、閱讀、電影、攝影

星座：天秤座

對空間的想法：實用型的家具不用太多，夠用就好。不用怕收納不夠就一直買收納櫃，不如少買一些，把空間讓出來，居住起來才不會覺得空間很僵硬。

古怪創意，改裝老東西留記憶

馬臉總是滿腦子古怪。被照片環繞的十字架燈，是將貓抓爛的貓抓板裁切成十字架，圍繞燈串，成了半夜起床上廁所時指引光明的小夜燈。還有個溜冰鞋小燈，利用廢棄溜冰鞋、涼鞋和燈泡結合，成了燈具，照明之餘還能不費力氣滑行它，古怪之餘倒是很實用。

貓抓板十字架旁隨性黏貼了拍立得和照片，都是馬臉近兩年生活寫照。「每張照片對我來說都有紀念性，時間愈久，紀念價值會愈高，因為那個時光離我愈遠。尤其是每一張拍立得都絕無僅有，特別有意義。」照片剎那間捕捉住時光，黏貼在壁面像是三不五時就能看見回憶。那個時光的美好，只有自己才知道。用照片當裝飾的人，似乎都是念舊的人，不知馬臉是嗎？

小沙發前的茶几也很有意思，沒花到半毛錢，因為是馬臉從學校附近工地討回來的，他說原本是裝電纜線的，一路滾著拿回家，沒再特別上色，就這麼保留本來的樸拙樣。「不過中間有個洞，我想把它加工變成垃圾桶，可能過陣子吧！」他話說出口，我就期待著了，期待過陣子裝了垃圾桶的茶几，不知被改成什麼樣子，應該也是古怪樣吧！

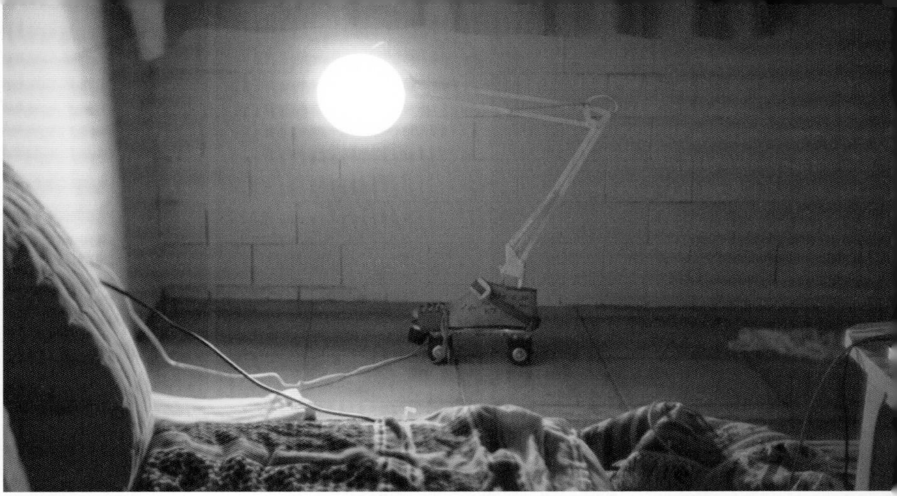

1 利用假手拿著燈泡，做成床邊照明小燈，但乍看總是有點嚇人。

2 手染麻布窗簾。因為找不到喜歡又價位合理的窗簾，於是自己染。染布的過程其實不輕鬆，尤其衣服和手一不小心就沾到染料。

3 溜冰鞋燈。果然是馬臉作風，有趣有意思。

4 南部老家的舊門牌、近兩年的生活記錄、貓抓板十字架燈，這面牆記錄了回憶，每天都像是提醒著不要忘記那些美好時光。

5 親手釘製的CD架，上頭每一片都是馬臉嚴選。可惜我對音樂不大瞭解，只知道上頭有英國天團RADIOHEAD的「Hail To The Thief」、「KID A」，還有夢遊派對人的專輯。

6 小小空間花不到兩萬元，最貴的就是地板上的地毯了，從IKEA買來，一張約六千元。

（照片提供／馬臉）

就是要寬鬆，就是要慵懶

「Lilian的家，夏天不開冷氣，冬天不開暖氣，但隨時開著窗。「我喜歡自然風。」而我喜歡Lilian的家，家具不多，但件件以能「放鬆」為優先考量而購買。家，就是要慵懶。」

飽覽美景的窗與超級大木桌

城市總是擁擠。住在台北市內，卻能望見一片遼闊河景，相對是件幸福的事。Lilian的家位處高樓，每天面對的是水源快速道路旁的河濱公園，走下樓步行三分鐘就能到萬隆捷運站，同時擁有景觀和交通便利性，Lilian自己都覺得好幸運。

國中畢業後就到美國念書的她，大學念的是費城的藝術大學，主修科系是Crafts,concentrated on fibers，主要利用織品、布類創作類似裝置藝術的作品，所以她家一入門就能見到一個超級大木桌。估量著桌子的長度應該長達三百五十公分，「因為我大學念的是織品藝術創作，會需要用到超級大桌面，所以一定要有一個這樣的桌子呀！」只是到目前為止，這張桌子最大的用處就是Lilian以要價十幾萬元的縫紉機修改牛仔褲或衣服。「先擺著也沒關係，也許哪一天我突然想創作就可以用呀！要是真的都沒有，我還可以拿來整理店裡要賣的童裝，這桌子超好用的。」

• 屋主小檔案

姓名：Lilian
年齡：27歲
學歷：UARTS（University of the ARTS）畢業
職業：Teenytiny小樹窩童裝店老闆娘
喜好：瑜伽、電影、音樂、小孩
星座：金牛座
對空間的想法：我喜歡空間很寬闊，這樣住起來才舒服。

生活中心放大，個人空間以燈光營造

空間依循每個人的生活軌跡和需求，而被創造。原本這屋子規劃三房兩廳兩衛，Lilian嫌每個空間都顯得又擠又小，請設計師打通客廳、廚房和其中一個房間，空間變得寬鬆多了。廚房、大木桌區和客廳三區相連，採開放設計，「我習慣要睡覺了才進房間，所以大多數時間都待在客廳看電視或修改衣服。」既然大多數時間都待在外頭，自然要讓自己待得舒服些。

Lilian買了又大又深的沙發，看電視或看書時就可以窩進沙發裡，Lilian的妹妹甚至喜歡裹著毛毯躺在窗邊的長形軟墊上，看電視看到睡著。兩姊妹有時候就這樣賴在沙發上一整天，什麼都不管不想。累了，再各自回到屬於自己的床上。

臥房的陳設倒是看出兩姊妹個性截然不同。妹妹用充滿活力的黃色磁性油漆裝飾壁面，同時能用磁鐵吸附照片和紙條。Lilian的房間光源則偏暗，「我很喜歡舊舊的，暗暗的東西。而且我睡覺時室內一定要全黑，所以窗簾選的是超級不透光而且超厚的材質。本來臥房我想漆黑色壁面，但被我爸媽阻止了。」既然不能漆黑色，那麼臥房的燈光總可以減少吧！Lilian只保留兩盞投射燈和一盞綻放美麗光影的壁燈打亮空間。

「其實美國人的家裡，根本不像台灣喜歡空間很亮，他們的房間可能只有一盞燈，就覺得很足夠了。」雖然Lilian跟妹妹同住，只好退讓內心對空間的真正喜好，但對Lilian來說其實沒差，因為她也很喜歡現在的空間，「你不覺得空間就是要很慵懶嗎？這樣就可以賴著一整天也不會覺得累。我家又寬又鬆又大，很舒服，所以我很喜歡我家耶！」

4	3	2	1
6	5		

1—喜歡簡單，客廳家具也就不多，擺張大沙發、懶骨頭、小茶几就夠了。「我爸很受不了我的茶几很小，但我真的不知道茶几為什麼一定要很大？」

2—Lilian的房間燈光微弱，用色也較為暗沉，帶了些寧靜的氣息。

3—每次看完雜誌，就習慣性裁下喜歡的圖樣照片。

4—喜歡有光影的壁燈，打出美麗投影，很是浪漫。

5—鮮麗的黃色壁面，帶來視覺上的活力。

6—不常下廚，但還是很重視廚房的功能。「要是廚房太簡單，好像就少了個家的味道。」

與金錢無關，美感來自注入的靈魂

老房子的好處是有種渾然天成的韻味，麻煩在於房子結構或管線問題多。生命本來就是一場選擇，阿聰租下這間三十坪大的老房子，有片美麗的大理石拼接地磚，雖然偶爾房子有些小問題，像是漏水、或是打不完的蚊子，不過有個窩，壁面能漆上自己喜歡的顏色，用熟悉事物妝點空間，成就一個家的面貌，畢竟是個讓人安心的所在。

刷洗三次讓老房子韻味再現

多年前遇過一名設計師，曾任職於知名建築師事務所，每個建案或是設計案的施工預算都動輒數億或是幾百萬。有一天他思考著，有那樣的預算，什麼樣美麗的空間不能被創造？但空間的美感難道只能用錢所堆砌？我們都認為不是這樣的，空間除了取決於屋主的sense，更重要在於「心」。花有限預算，盡力調整到最好，空間就像是披上了主人的意念，有了靈魂。

因為是租屋，空間能動的工程不多，但屋子內的地板很讓人喜愛，是約三十到四十年前老公寓常使用的黑白大理石拼接，復古味十足。有了這片地磚，阿聰拍出來的照片感覺帶了些典雅和沉穩，不同於一般的攝影照片。只是當初租下的前身是間公司，進出室內不脫鞋，「你不知道一開始這地磚有多髒？至少刷了三遍以上才變乾淨。」變身後的大理石地磚，也不辜負阿聰的辛苦，自然懷舊的色澤的確讓拍出來的作品增色不少。

•屋主小檔案

姓名：阿聰

年齡：36歲

職業：專業攝影師（PHI Photo Studio）

喜好：電影、旅遊、美食、藝術，所有美的相關事物

星座：水瓶座

對空間的想法：空間對我來說是一種生活的表情、心情的幾何圖形，我個人喜歡寬大無隔間的空間，極簡的固定式裝潢，而用自己喜愛的家具，透過移動與不同擺設轉換不同的表情與心情！

動線安排串連生活軌跡

空間很有意思，因為每個人個性或需求不同，動線安排總自有一套邏輯，觀察空間動線，往往能一窺屋主的喜好或職業關聯性。因為是住家和工作室結合，才選了這間室內三十坪，但光公共空間就約十八坪大的老房子。利用橘色櫃體和沙發擺成L狀，隔出工作區域，其餘放空留待拍攝時利用。

決定了動線後，就換妝點空間了。租屋因為能更動的有限，只好從壁面色彩下手。阿聰選用灰藍和灰色做配色，迎合地板的黑白配色，空間多了點穩重；倒是櫃子和沙發，選了明亮的橘色。色彩搭配上的落差造成視覺衝擊感，空間也在微妙配色下多了分層次。

生活軌跡往往用一種自然地步調融入日常中。阿聰是攝影師，自然家中處處可見和攝影相關的事物。婚禮攝影的記錄照、櫃邊隨意垂掛著的攝影肩帶、壁面還有張海報，拍攝攝影袋內擺滿各式鏡頭的影像，隨處角落都吐露著主人的氣味。

因為養了兩隻貓，某扇窗戶故意留了一條縫隙，好讓貓咪可以看外面，每到小學生傍晚放學，就會有小朋友聚集在窗戶邊看貓，貓咪也會湊在窗邊看這群孩子，是個有趣景象，平添了生活趣味。

生活應該輕鬆點。阿聰就是希望日子過的能自在些，認為家具夠用就好，椅子夠坐就好，布置自然也是到位就好。看著他的家，或許無法和花上百萬元裝修的房子相比，但用心就能創造空間價值，至少，阿聰的空間讓我感到了溫暖。

4	3	2	1
6	5		

1—阿聰的家除了整片大理石地磚增添韻味，更帶了份率性。率性的人自然孕育出自在空間。

2—阿聰過去擔任報社攝影記者，加上老婆現在也是文字記者，參加記者會時總會發放吊牌，不自覺累積了許多。壁面上黏貼的海報，正好就是攝影包內袋的影像，像是互相呼應。

3—阿聰拍攝婚禮紀錄的照片牆，每一張都看得出阿聰的用心。難怪曾經有朋友找他當婚禮紀錄，對他讚不絕口。

4—小時侯常見到的電動遊戲機，看了讓人想起童年時光。

5—看到這幾隻小豬，有沒有感覺很親切。阿聰從小就有收集零錢的習慣，到現在還是有這好習慣，不知不覺集了好多隻。

6—為了愛貓，特地購買好躺臥的貓抓板，很受兩隻貓的喜愛。

一切憑感覺，
從撿到一個抽屜開始

「許多人把淘汰的家具直接丟棄路邊，懶得再搭理，但或許對別人來說，那是件寶物。事物的價值在於珍惜程度，至少，阿光因此撿回不少好東西。對一個喜歡老東西的人來說，拿來布置空間，正好。」

垃圾當寶，老房舍老家具重生

每次經過和平東路上的國立台北教育大學，對鄰近大馬路的那片老房舍總是好奇，到底裡頭住些什麼人？因緣際會，拜訪了隱身在裡頭的「臥龍四」，它取名自這間平房坐落的門牌號碼「臥龍街四號」，這才知道這片房舍是教職員宿舍，使用者除了老師外，也有研究所學生拿來充當工作室。

臥龍四的主人是阿光和他同學，都還在念研究所，主攻藝術創作。去過阿光工作室的人，都會說那裡「好酷」，因為空間內有八成的家具，都是阿光撿回來。「其實我一直很喜歡布置空間，因為是要長時間使用的場所，就會想弄得很舒適。大約三年前，某天在路上撿到一個抽屜，覺得不錯看就拿回來。把別人丟棄的東西重新再使用，感覺很好，就這樣一路撿下去了，久而久之，變成習慣，走在路上就會留意路邊。」

‧屋主小檔案

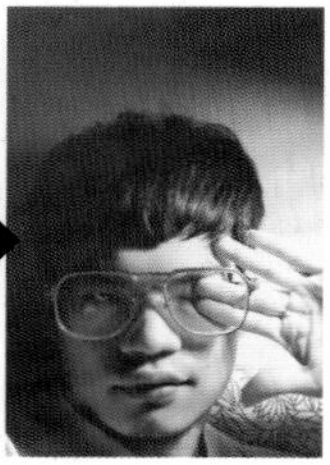

姓名：阿光

年齡：25歲

職業：國立台北教育大學藝術與造形設計學系 藝術創作組

喜好：看電影、聽音樂、吃美食

星座：金牛座

對空間的想法：沒有想太多，就跟著感覺走囉！

剛撿到的家具，大多殘破骯髒，阿光會慢慢清洗它們，壞掉的地方加以修理，需要重新上漆的也會自行油漆。或許跟阿光念藝術相關的研究所有關，修椅子或改造家具，難不倒他。「我沒有刻意要布置成什麼樣子，都是憑感覺。」感覺來了，什麼都對了，阿光把撿回來的家具修復好，再擺放在適合位置，撿最多的類型，是單椅和小桌。幾件喜愛的老家具，阿光會特別善待，三不五時上油保養，像是書桌的椅子，扶手材質是實木，椅子的布料復古好看，被丟棄的理由只是某個椅腳有些壞了；阿光補強椅腳後，原本像是垃圾般被丟棄在路旁的椅子，有了新生命及善待它的新主人。

就算只是工作室也有家的感覺

用舊型踩踏縫紉機改裝的書桌，是阿光購買的家具。為了在上頭打電腦、寫報告或畫畫時，心情能夠愉悅自在，他用心妝點了專屬自己的書桌用地，前方壁面擺滿了撿回來或收集已久的小物，收拾的整齊乾淨。「有時候坐在這裡什麼都不做，看著書桌就覺得心裡很滿足。」

有個自己的窩，是安心之所在，如果可以，能住在這裡當然最好，只是裡頭的衛浴設備年久失修，無法使用，所以沒辦法住。但對阿光來說，學校願意提供一個獨立空間，讓他創作還能布置，每天一起床就會到工作室直到凌晨三、四點，做些創作、打打電腦、和同學朋友煮東西吃、看看書、嘻嘻鬧鬧，以及每週三固定利用投影機放映電影——這裡，就像他的第二個家。

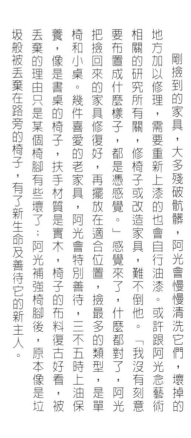

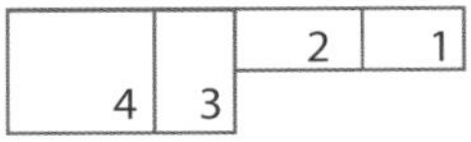

1—簡直像個廢棄物集中地。撿回來的皮箱、夾在書櫃上排列整齊的各式夾燈和玩具、房間內懸掛的透明吊燈，都是阿光的路邊戰利品。

2—夜間時分很美，排列在牆壁上的聖誕燈串，點亮了浪漫。

3—近期內阿光最喜歡的一張椅子，事後修復雖然花了些錢，但讓這件家具至少有了新生命，很值得。

4—當我坐在此處和阿光聊天，突然瞭解為何他獨自坐在這，什麼都不做也很開心，因為用心妝點的小景色，就是最美麗的風景。

（照片提供／阿光）

小物林立，不有趣的不收集

「每個人對生活的理念不盡相同，有些人重視工作、名利、夢想，或是像西瓜一樣，重視趣味。她可以早上才被朋友邀約去西藏，下午就提離職；也可以把家裡布置的像遊戲間、圖書館，擺滿玩具、書籍和各式各樣從朋友那搬來的家具、櫃子、小物，一切的理由，只是讓自己日子過得開心。」

雜貨鋪、小吧檯，自己打造

認識西瓜的人，都知道她是個愛吃愛玩愛買的人。「日子要有趣，就是要吃要玩要買呀！」當然，她租住的房子，自然也是有趣的。

一入門，就是個柑仔店常見到的玻璃櫃，裡頭塞滿了零食。「這是朋友不要的，當然要撿回來呀！你看這多棒，可以塞好多零食。」櫃子後方被西瓜布置成像個小吧檯，各式各樣的酒類、茶、可可、咖啡堆滿在老式化妝檯上，一旁的櫃子則放了好多杯子，還有手沖壺。「我很常去咖啡廳寫稿，不過早上起床後，習慣自已手沖一杯咖啡喝。」

人是群居的動物，幾乎所有人都需要和人群相處，就算不是和朋友、家人相聚，獨自窩在咖啡廳裡看看書，打打稿，也是和人群保持疏離的互動，而去咖啡廳窩著，對西瓜來說已經是生活的一部分，這也是大多數人的生活習慣。

•屋主小檔案

姓名：西瓜

年齡：39歲

職業：自由文字工作者

喜好：吃喝玩樂

星座：射手座

對空間的想法：空間該恢復生活的原型

但很多人忽略了，待在家裡的時光也可以悠閒美好，就像身處咖啡廳。西瓜就是個重視家居生活的人，或許她不見得多愛喝咖啡，但喜歡享受美好的時光。雖然是租來的房子，沒有合適的廚房吧檯，還是打造了一處舒適角落，讓清晨在日光照拂下，為自己手作一杯咖啡，開啟一天的序幕，生活都需要營造這樣一份美好，為生命增添一些希望和快樂。

電視機前面擺放了一整排的紙箱，是為愛貓卡樂比而準備。「我家快變成資源回收場，朋友有紙箱都想丟到我這邊給卡樂比玩。」有趣的人總會遇到有趣的事，因為收集了太多紙箱，三不五時就得拿去資源回收，沒想到被一位阿婆列入觀察名單，有次阿婆甚至跟西瓜說：「以後你有紙箱只能給我。」

浪漫看待被遺棄物品

曾經當過家居線記者，對家具自然也有些想法，西瓜沒有特別獨鍾老家具，但她認為老家具承載了歲月，記錄著過去時光，那是一種浪漫。就像放在門口的柑仔店玻璃櫃，拿來擺放玩具的層架、掛在陽台紗窗上的救生圈、改裝成西瓜圖樣的萬國視力檢查表、陽台裡頭的小學生課桌椅，都是從朋友家，或從事廣告、電影業朋友的工作片廠廢棄道具堆裡搜刮回來的。

除了收集遺棄物，就如同跑家居線的記者都夢想擁有一張經典單椅，西瓜買了有鬼才稱號的菲利浦史塔克設計的經典透明單椅Ghost。我一向認為單椅最能表現主人的個性，就如同Ghost這張透明單椅，不見得好坐，但設計理念是有趣的，會買的人，一部分是附庸風雅，但還有少數人是欣賞設計發想而買，雖然她沒有說我也沒有問，但我猜西瓜就是這種人。

4	3	2	1
6	5		

1—其實西瓜並沒有為了空間特別買什麼布置它，反倒空間裡每一樣幾乎都是她覺得有意思才拿回家，不知不覺就成了家的模樣。

2—卡樂比專用遊戲紙箱，擺放在電視機前面，邊看電視時也邊看著卡樂比跳來跳去，應該很有意思。

3—精心布置了一處吧檯區，有酒有茶、有咖啡有可可，你想得到的飲料，大致這裡都找得到。

4—黃色的畫作、黃色的老打字機、像是電影《功夫》裡頭女主角拿著的棒棒糖，西瓜用她的喜好布置著空間。

5—空間不需要刻意營造氣氛，隨手收集的攝影照片、聖誕老人掛飾隨性垂掛，伴隨著不遠處昏黃老燈的光暈，自然覺得一份溫暖。

6—數字杯最大的功用在朋友來訪時，每個人只要記好自己杯子的號碼，就不會拿錯。

讓回家像是跑時尚夜店

「Victor和Clavin的家時尚風濃厚，但其實大部分小物，如同大多數人一樣，購買自IKEA、品東西等平價商店，「如果我們更有錢，當然會想每一件都換成更好的。」，但他們願意在家具上，像是燈具或沙發，購買單價較高的單品，就足以讓空間呈現一股大器。」

重點家具暈染奢華

大多數人回到家都只想要放鬆，於是不管空間留白或粉刷色彩壁面、購買什麼樣的家具混搭其中，都是呈現一個「家」的感覺，Victor和Clavin的家，卻像間華麗夜店。

念建築系出身的Victor，是室內設計師，空間規劃自然由他負責。室內坪數不大，約二十一坪，其實房子本身格局並沒有規劃玄關，為了風水考量，同時不希望一打開大門就看穿整個空間，喪失隱密性，於是在門口懸掛了鏤空圓狀鋁製屏風，背後覆蓋著暗紅色窗簾，巧妙區隔了空間。同時垂掛了一盞單價一萬多元的小巧水晶燈，質感佳的水晶切面如同鑽石般細緻，折射出璀璨光芒。

現職是珠寶設計師的Clavin，因為家族曾經經營銀樓，從小耳濡目染，對翡翠、寶石的鑑定很專業，最喜愛將骨董玉飾或寶石，結合新材質製成作品，呈現新舊並融的創意，近年來銷往大陸很受好評。除了位在永康街的珠寶設計店面外，自然要將喜好的作品也呈現家中，所以Victor特別規劃了展示櫃，並專業的用投射燈打亮作品。

•屋主小檔案

姓名：Victor

年齡：39歲

職業：威卡國際設計事務所主持設計師、La Design Cafe 負責人

喜好：旅行、下廚、花藝

星座：天秤座

對空間的想法：大部分人都不夠有錢，想要營造空間質感，可以只要買一兩件好家具穿插，其餘就用平價的，實用就好。

姓名：Clavin

年齡：39歲

職業：VICA jewelry威卡珠寶 珠寶設計師、La Design Cafe 負責人

喜好：美食、旅行、珠寶、茶藝

星座：摩羯座

對空間的想法：不管空間弄成什麼樣子，自己喜歡就好。

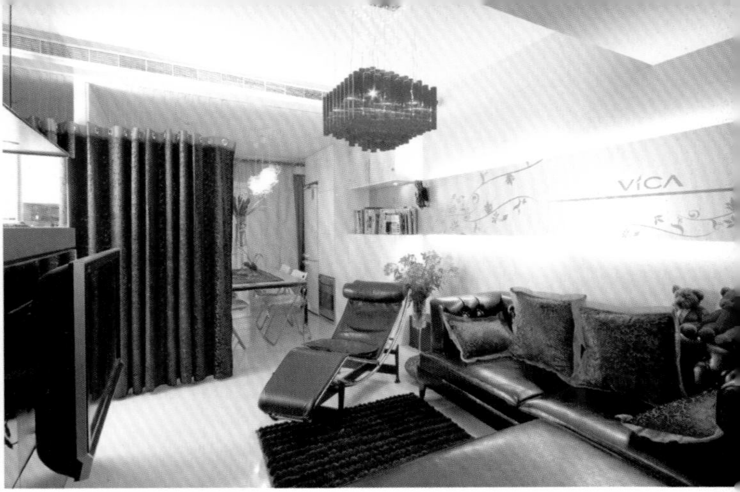

天花板垂掛著從泰國帶回的紅色燈飾，由八十支玻璃管組合而成，再點綴精緻小巧水晶串珠，當初花了不少時間組裝，但瑰麗的紅色燈飾，增添了空間風采。最讓人欽羨的，是客廳內居然有張赫赫有名的柯比意經典躺椅，幾十萬元的經典椅，延續建築大師柯比意重視實用的意念，具弧狀的造型躺臥上頭，雙腳可自由伸展。「這是一位好朋友搬家時，知道我們喜歡就送給我們的家具，我們也覺得自己好幸運。」

善用花卉、布料保留視覺彈性

空間雖小，倒也一應俱全。廚房就位處客廳旁，改以白色為背景，「我們喜歡逛花市，買花回來妝點在家中，如果背景色太重，會吃掉花草自然的色澤。」所有愛做料理的男女，都渴望一個理想廚房，愛下廚的Victor礙於空間不大，但廚房又是雜物最多的地方，於是規劃大量收納櫃，隱身造型櫃體內，維持空間整潔。

不同於客餐廳的時尚現代，臥房壁面漆以柔和的藕紫色，模樣溫暖。Victor以布幔取代衣櫃的櫃門，節省空間之餘，隨著喜好還能更換布幔花色，變換不同視覺效果；床頭則以四種不同的花色布料作為床頭板，頗有裝飾效用。

Victor和Calvin說沒有這個家之前，其實他們的確愛跑夜店，但自從有了這處小窩，待在家裡的時間反而變長了，偶爾有朋友來喝點小酒聊天到深夜，或是兩人一同採買食材，製作豐富可口的料理，插插花，看看電視，過著像是很平常的日子，但心裡頭多了分踏實。

4	3	2	1
6	5		

1—沙發背後的香檳色金銀燈箱，貫穿了客廳背牆，調和了紅色吊燈、黑色沙發的衝突色感。

2—為了遮蓋廚房道具容易形成的混亂，器具都隱身在造型櫃體中。

3—純白色線條打造的廚房，讓Victor在此下廚都有份好心情。

4—以大量布品鋪陳臥房的溫暖色調，讓空間變得更加放鬆。

5—古典的珠寶設計，優雅的放置在客廳的展示櫃內，來訪友人都能欣賞到Clavin的作品。

6—書房身兼客房效用，以濃烈的色彩玩出視覺層次感。

（照片提供／威卡設計）

畫作、鮮花、蠟燭，勾勒溫暖租屋

「**隱身山林卻又臨近市中心，Vanessa的租屋有著優良的外部環境，而內部在她巧手改造下，陽光灑落的窗邊擺著油畫課作品，桌上放置著美麗鮮花，隨處撞見小巧思，烘染滿屋子溫暖。**」

笑靨是最好的點綴

一對即將結婚的小夫婦，一同租了間邁向人生新旅程的房子。屋主Vanessa是我以前任職報社的同事，我們都是巨蟹座，對家都存在著幻想，還記得以前湊在一塊兒聊天時，談論著希望能住在幽靜的環境裡頭，最好四周多綠意，像被樹林給包圍般浪漫，但是，交通得至少是便利的。比起毅然決然真正搬到山林裡居住的屋主們，對都市我們還是有份眷戀。

如今，Vanessa果真搬到了景美一處山林旁，但距離捷運站、公車站近，在這裡開啟了幸福小夫妻模式。「其實房子找了一段時間，直到遇見這間，二話不說馬上下訂，因為這就是我理想中的住處。」曾任家居線記者，現在又是家飾店行銷公關，自然會想改造租屋，把它變成自己的感覺。

老公是影像工作者，愛好攝影，也接拍廣告短片，據說求婚時最大武器就是將交往過程中拍攝的Vanessa照片裱框，在租借的展覽空間裡掛滿照片作為求婚場景，而這些有意義的畫面自然得入駐新屋。一入門，客廳壁面就是Vanessa各式各樣的面容，開懷的、喜悅的、沉靜的，都被補捉進框架內，成了永遠。

・屋主小檔案

姓名：Vanessa

年齡：29歲

職業：家飾業行銷公關

喜好：繪畫、旅行

星座：巨蟹座

對空間的想法：多花點心思，就能改造空間的模樣 。

以生活小物突破租屋限制

除了擺放具紀念性的照片妝點空間，租屋空間的改造即便有些限制，正好讓人像是腦筋急轉彎般花些心思。將朋友送的美麗花樣折紙串在燈串上，從天花板垂掛下來，夜晚點亮昏黃燈飾，就是角落的浪漫。

「當經費和現實狀況讓你對空間能做的改變不多，其實可以從能掌握的小物下手。」除了這串燈，點亮蠟燭時會綻放璀璨光影的燭台或各式蠟燭，一同燃起微小火焰時，空間有了情調。善用鮮花綠葉擺在空間內，會像是魔術般讓屋內變得柔美，「偶爾我會買點花草回來，插在花器中，放在空間裡，看到時心情就不自覺綻放了。」

家具的擺放也能添加視覺變化，Vanessa將沙發擺成L形狀，後方放置了格狀層櫃，再放上書籍、乾燥花、小擺飾，「因為沙發是沿用房東的家具，所以我在上頭披蓋著花布改變外觀花樣，周邊點綴了一些裝飾，讓原本很普通的家具，看起來多了些巧思。」大家總說租屋可更動的有限，就將就用了，但或許只是懶得花心思改造罷了。

Vanessa對租屋卻不願意將就，願意多花些時間加以變化。「我想是因為對家一直有份憧憬，無論在什麼環境，總是想布置得讓自已舒服些。」即便是租屋，Vanessa依然把它變成了理想居家。

4	3	2	1
6	5		

1─客廳採光頗好，有著陽光的日子，日光照進室內有種溫暖的感覺。

2─沙發後方放置了高低陳列的木櫃，擺點書和雜物，創造小角落空間的美感。

3─夜晚點燃小蠟燭，浮現浪漫光影，增添了夜的美麗。

4─老公求婚時的攝影畫面，如今是家裡甜蜜的裝飾。

5─冰箱上方的置物空間，擺著好看的瓶身、自己繪製的小畫以及可愛小音響。

6─用點小巧思，紙膠帶貼滿了電燈開關的外殼，讓日子多些小趣味。

（照片提供／Vanessa）

「很自己」的古怪家飾個性窩

「本來想搞得嬉皮，骨子裡的強迫症發作，空間變得整潔中帶著風格。海報貼滿書桌壁面，假手勾著破油燈，用水管做成燈飾，自己染嬉皮風渲染掛布，天花板溝縫站了一排綠色軍人小玩偶。這就是大叔的小窩，不盡然嬉皮，但完全是自己的味道。」

床以外的家具從頭找起

生活從來不是一條直線。大叔本來想把租屋改造得很嬉皮，最好滿滿頹廢氣味，但大叔根本就是個有強迫症的人，無法接受地上有頭髮，於是每天都要吸地板，屋內物品也擺放井然有序，偶爾穿插一些有趣點子的手作在內，雖然有點偏離原來的構思，但空間依循著他的思緒，變得風格強烈又帶些趣味。

探訪空間的有趣在於，透過空間可以觀看一個人內心。大叔其實是我店裡同事，去年考上長庚大學工業設計研究所，於是搬到學校附近租屋，請房東搬走所有家具，只留下床；然後，他開始勤逛跳蚤市場或二手家具店，更會搜尋路邊遺棄家具，遇到適合的就撿回家重新改造。

買不起好家具，只好多花點心思尋找CP值高的物件，IKEA的產品自然不可少，像是書桌、椅子和工業風造型的立燈，放在七坪小屋角落，就成了工作區。壁面貼滿了多年來收集的海報和小卡，「這些海報都設計得很好看，為了發揮最大效益，如何排列組合其實花了些心思。」其實直到現在，大叔還是三不五時更動海報的位置，「從搬進來到現在半年多，我大概更動了快二十遍。」不嫌麻煩只是為了讓空間看起來更接近理想。

•屋主小檔案

姓名：大叔

年齡：23歲

職業：長庚大學工業設計系研究生

喜好：藝術、設計、電影、音樂

星座：金牛座

對空間的想法：其實一直在改變，但基本上就是想讓空間變更好。

獨一無二的手作精神

本來就喜歡動手紮染布料的他，過去染製過T恤給自己或是送朋友，而他也染製了一幅大紮染圖騰懸掛在壁面當裝飾。「其實我是真的蠻喜歡嬉皮的元素，紮染出來的渲染圖騰，其實就蠻嬉皮象徵的。」

渲染的布料前方有個從天而降的假手，勾著一盞破掉的老油燈，乍看有些嚇人但細看又覺得有趣。「我在永和福和橋下跳蚤市場看到時，覺得很酷又便宜，好像才幾百塊，就買回來了。」掛在牆壁的黑膠時鐘，是利用廢棄黑膠，加上一張音樂很好聽的樂團唱片封面，就變成了獨一無二的黑膠鐘。

第一次真正完全依照意念布置房間，對大叔來說是個新鮮經驗。「我本來就希望有一天能有個獨立空間，滿屋子都是自己買的東西，感覺很爽。」趁著離家求學，雖然只是在林口，大叔終於實現了這個小願望。「要不是預算有限，我相信空間會更好，不過現在這個小空間，已經讓我很滿足了。」

有一個自己的空間，最棒的地方是什麼，相信每個人定義都不同。對大叔來說，最棒的是「可以把想聽的音樂放得很大聲，在慵懶沙發上看電影看一整天，而且是待在自己親手從無到有弄出來的空間，很滿足。」

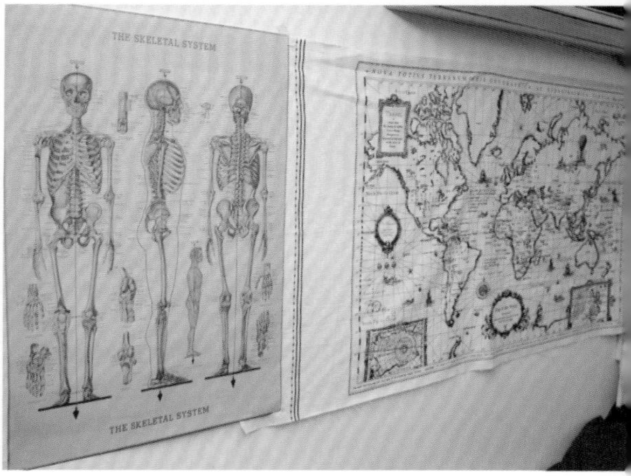

4	3	2	1
6	5		

1—相機、玩偶、掛布、模特兒人偶，蒐集的各式小物凸顯了主人個性。

2—有著歲月痕跡的老窗戶拿來黏貼回憶，正好。

3—海報包圍著書桌，窩在這裡念書、畫設計圖，感覺特別有勁。

4—精心布置的看電影專用座位區，地板上鋪著咖啡館拿來的麻布。

5—世界地圖和人體地圖的海報，因為覺得很有意思又好像互相呼應，於是擺在一起。

6—利用尋常的水管零件做成水管燈，據說是國外得獎作品，覺得很有意思就自己做了一個。

（照片提供／大叔）

跟隨導演工作
燃燒的男子部屋

「網路搜尋「痛，劉彥甫」，可以看到了一支短片，裡頭出現的居家空間，取景就是在阿甫家，或者應該說，為了拍一部自己的作品，他花不到三萬元裝修了老屋；如今偶爾承接的短片，有些小景可以在家中取景，而且住起來也變得舒服多了。」

三萬塊內DIY復古片廠

每個人心中都存著夢想，差別只在於如何實現罷了！劉彥甫（阿甫）從事影像創作，是年輕的導演，也是製片，有些人聽到頭銜似乎覺得風光，依據他常來我店裡，陸陸續續偷聽他和同事或朋友們的聊天，我知道這條路是辛苦的，尤其懷抱著熱情時。

但阿甫是個願意堅持夢想的人，會想把老家整理一番，一半為了自己，一半為了夢想。「其實是因為兩年前我想拍一部短片當作品，直接改造自己的家可以讓空間更符合影像需求。」製作費含裝修空間，預算不到三萬元，阿甫完全發揮了平日搜尋布景道具的功力，找到六〇年代美國製復古壁紙，趁絕版出清時購買，貼滿了整個客廳，壁紙含黏劑不到六千元。

一切以省錢為前提，還得不怕吃苦，於是黏貼壁紙和刷油漆，全都自己來。「紫色壁面和壁紙很搭，其實本來是希望天花板也上漆，但我發現漆天花板實在太累了，於是放棄。」改變了壁面模樣，整個空間就像女人上了妝，變得不一樣。

•屋主小檔案

姓名：劉彥甫

年齡：29歲

職業：影像創作工作者

喜好：吃雷根糖、看電影、彈吉他、打電動

星座：獅子座

對空間的想法：其實沒有認真想過，但家裡的陳設是從小就夢想這麼擺。

既幽默又浪漫，還有理想與未來

在裝飾的過程中，空間就像他的人，帶了幽默感。壁面掛了張牙買加雷鬼歌手的海報，問他為什麼喜歡這位歌手，理由很簡單：「聽說他做音樂的時候都抽大麻，我覺得很酷。」

牆壁還掛著吉他，這才知道原來阿甫也曾組過樂團，直到現在偶爾還會在家彈彈吉他自娛，但妙的是他從來不彈給女友聽，甚至也不讓女友去看他表演。事實上阿甫內心是浪漫的，他希望留到求婚或是結婚的時候，再唱歌給攜手共度一生的另一半。

空間內雖然隨處可見鬼點子：櫃子上許多公仔、書房門上貼了一堆貼紙和照片、大門上甚至有張「百萬鵝肉城」的海報，看起來很有意思；但在這樣的空間內，你還是可以發現專屬於阿甫的溫柔內心，充滿童趣的咕咕鐘、前女友留下來的小東西貼在客廳顯眼處，以及阿甫談話中偶爾吐露的浪漫，和這間以理想為整修動力的屋子。這是阿甫的夢想屋，裝填著他的浪漫，他的理想，還有他的未來。

4	3	2	1
6	5		

1—復古的壁紙、神祕的紫色牆面，像是掉進了遙遠的過去。

2—鳥籠裡頭放了可愛玩偶，讓原本有些浪漫的角落多了分趣味。

3—空間既然用色重，打光變得很重要，阿甫很有職業病的為空間布置了不少光源。

4—貼滿貼紙和照片的門板，阿甫說沒有刻意，默默就集中到這片板子上去了。

5—如果沒記錯，是阿甫前女友留下來的小東西，念舊的他還是掛在壁面上。

6—櫃子上不少蝙蝠俠公仔，原來阿甫是個蝙蝠俠迷，甚至想做一個蝙蝠俠燈箱放在家裡。

（照片提供／阿甫）

森美術館
メンバーシップ・
プログラム
SKIN – HAIR – NAILS
Normal Structure and some Diseases
GLABROUS SKIN
HAIRY SKIN-HAIRS

把我的灰藍分享給你

「**四處搜購的新舊家具，配上灰藍、深藍和鐵灰色壁面，充填了慵懶空間，在要求精簡預算又得做出風格的條件下，蘇群只花了一萬八千元，空間就變得截然不同。即便是租屋，也能過的很精采。**」

三色油漆各有用意

還是大學生的蘇群，一直以來對空間設計或家居類產品有著興趣，還未租屋前，偶爾就會逛逛國內外網站或看拍賣網頁；這次和朋友合租雅房，雖然不是每天住在那，但整個空間布置都是他一手包辦。

選用了灰藍、鐵灰和深藍三個顏色搭配，讓空間有了不一樣的精神。「因為空間很小，就會想用色重一些，看起來比較有變化。」在配色上，沙發背牆的深藍，是為了營造舒服的感覺，賴在上頭看電視時，讓氣氛是慵懶的；書桌區選用稍微明亮些的灰藍色，念書或寫作業時比較容易專心；鐵灰色的主牆串連了灰藍和深藍，成了中間色，「鐵灰色比較像是基色，搭配性高。」

既然是學生，預算有限，一切自然自己來。去特力屋選購油漆，自行粉刷壁面的同時，蘇群開始積極逛網拍或家具店，「因為平日就在留意，到這時候大概會知道自己要找什麼樣的東西。」他甚至跑去台中購買二手家具，「其實我覺得蠻好玩，雖然不一定都能找到自己喜歡的，但就像逛街一樣，很有意思。」

• 屋主小檔案

姓名：蘇群
年齡：20歲
職業：實踐大學媒體傳達設計系學生
喜好：音樂、電影、家居
星座：獅子
對空間的想法：空間小，用色重一些可以看起來比較豐富。

姓名：楊智超
年齡：21歲
職業：實踐大學學生
喜好：待在家
星座：射手
對空間的想法：交給室友處理

稀少物件營造群聚氣氛

鐵灰色的壁面上，有個有趣小鐵鐘，蘇群都叫它是「船鐘」，「因為它好像以前就是放在船上用的，小小的，但是時鐘翻過來，後面有個小置物箱。」時鐘雖小，要價卻不便宜，約三千元，只是買二手家具就是這麼一回事，買的是一個歲月痕跡，更買你對那件物品看待的價值。船鐘少見，而且比起一般時鐘，背後還能置物，是多了些趣味。

購買鐵櫃時，送了幾個早期做矽膠手套時的板模，稀少，於是格外有趣，尤其活脫脫就是常見的手套模樣，只因為是板模所以顯得生硬，巧妙被安置在海報上，排排站好；床架上的海報，購自永康街底的昭和町，一張海報含裱框僅八十元，這價錢聽的讓人羨慕。

因為一週總有個兩三天會住在這，所以選購了一張咖啡色的二手沙發床。「我還特地挑選軟一點的墊子，就算不是每天住在這，好歹住的時候也要舒服點。」前陣子在學校附近，蘇群還撿到一個廢棄老梯，搬回租屋處稍微整理一番，就成了衣帽架，不用花錢就有好物在身邊，蘇群享受到了撿寶的樂趣。

將房間布置得舒服，受惠的不只是自己，還有班上的同學們。偶爾同學會住個一兩天，一起做作業，因為空間氣氛是慵懶舒適的，同學們待在這也覺得自在，「我覺得空間舒服真的很重要，自己喜歡，別人來也會覺得舒適。」

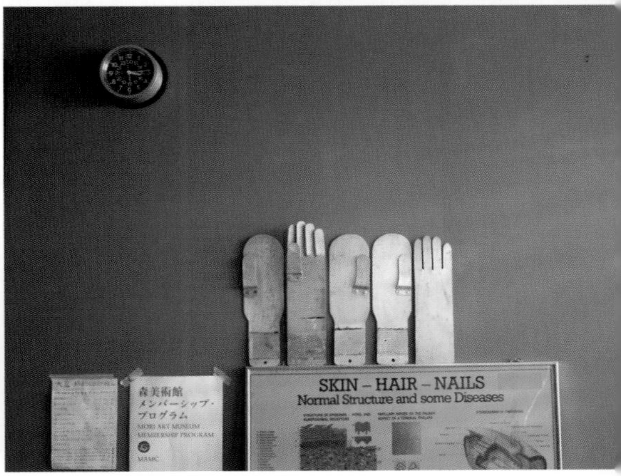

4	3	2	1
6	5		

1—房東留下來的紅色老衣櫃，意外地和整個空間氣氛很搭。

2—房間採光很好，本來不打算裝窗簾，只是當每天清晨都被日光叫醒，蘇群說：「我覺得差不多該裝了。」

3—蘇群的個人工作桌，冷氣機上方貼著自己設計或去日本遊玩時帶回來的海報。

4—窗戶上貼著蘇群摔斷腿時的X光片，白天看得格外清楚。

5—矽膠手套的版模，很乖巧地站在海報上成了一整排。

6—老桌上放著老鐘，空間裡有些老東西，看起來溫暖許多。

（照片提供／蘇群）

Chapter 02

找到家的味道

小家就要有自我風格，
管它十坪還是三十坪！

不管是自己的房子，租屋，或是跟父母同住。只要擁有一個自己的窩，或許發揮空間不多，不論大小，都是自己的小宇宙。介紹幾間特色風格居家，雖然只是小家，但卻能利用巧思、不花大錢布置且獨具風格的家。

- 引茶入室，韻味迴盪宅內
- 洞見建材初始風采，整合放大感空間
- 老物堆積懷舊時光
- 無法回頭的癡迷老件之路
- 遵行DIY，緩慢打造山居歲月
- 斑駁牆面伴隨陶藝、字畫
- 獨立設計監工，無畏零裝修經驗
- 設計單品堆砌視覺，玩具公仔滿足趣味
- 漆白木地板，捕捉光陰痕跡
- 最愛時間感家具、獨特櫃體
- 帶點頹廢氣息的女人窩
- 拾荒當喜好，路上尋找老家具
- Tiffany藍色壁面形塑了空間優雅
- 六十坪大自宅一個人住
- 家，就是展現主人思維

引茶入室，韻味迴盪宅內

經歷累積想法，堆砌家的樣貌

Helen夫婦的家，位處在半山腰處，看的到遠山，空氣很清新。居家布置的雅緻宜人，日式飲茶空間，原木餐桌觸感溫潤，小陽台還鋪著實木地板，室內飄散著Helen正沖泡著的茶香，一切都很自在。

空間簡介

坪數：約二十五坪
空間特色：清爽色調的舒適自宅
使用建材：磨石子、夾板、油漆、鐵件

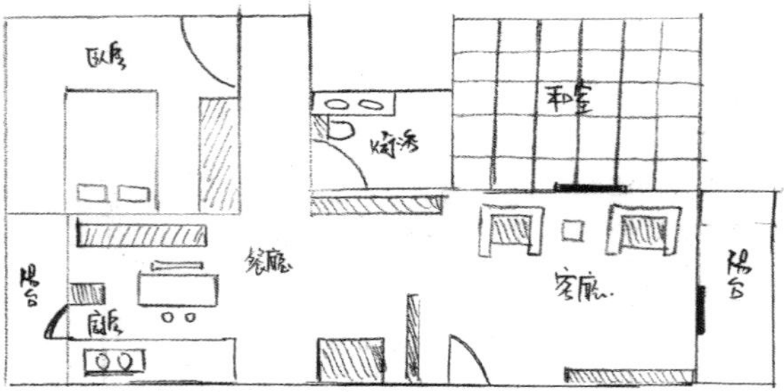

福

如果堅持，可以讓一個空間變得美好，過程或許有些麻煩，但結果是圓滿的，那麼，堅持就有意義。或許跟男主人本身是攝影師有關，Helen夫婦家中每件家具擺放位置，感覺得出都是思量再三，而空間內每個角度、配色，只能用精準來形容。但這樣的家，卻有種舒曠自在的氣息，或許因為身在半山腰，望出去景色寬敞，也或許空間內家具不算太多，遊走其中，在男女主人的謹慎安排下，倒是暢快自在。

空間規劃要考量自己多於考量別人

其實這個空間僅有二十五坪左右，因為只有兩個人住，所以只規劃一房一廳一衛一廚房外加一個小和室，機能性相當完善。率性的Helen說：「反正只有我跟我老公住，空間當然要以我們兩個人喜好安排，幹嘛管別人想法。」許多人在意別人眼光，擔心家裡如果有客人來，沒有客房會不會很奇怪？客廳可以沒有沙發嗎？家裡椅子這麼少，位置會不會不夠坐？但一年三百六十五天，友人實際來訪的天數或許連十分之一的天數都不到，實際在使用的還是自己。那麼，空間的配置還是依循自身喜好吧！

就像Helen的家，少了在意別人眼光，自然多了分自在。一入門，最先映入眼簾的就是間鋪著榻榻米的芥末黃和室，從天花板垂掛一條鐵鉤，正下方擺著日式火炕，可以燒炭煮水，就像日劇常見的場景。Helen過去曾任報社記者，目前是專職專欄作家，也出過好幾本跟飲食文化有關的書，尤其對喝茶這件事，很是講究，於是才有了這間和室。「其實就是想要在一個舒適環境泡茶聊天，很享受。」因為想要，於是去做，就像擁有夢想就會努力實現。

1—入口處，訂做了了一面屏風，切開了客廳和廚房的視覺，讓空間多些了層次。

2—因為是自由作家，Helen最常待在家中，遊走在這處自在住宅內。

3—Helen夫婦養的小狗名叫woody，最愛在室內奔跑以及站在窗邊看路人，相當活潑好動。

裝潢帶不走，所以預算都留給家具

「以前還沒有真正屬於自己的房子時，也是很常去採訪別人的空間，然後，總是會很期望自己的空間裡也能有些什麼。」因為這個渴望，終於在約四年前著手改造原本居住的老公寓。「那時候花了兩百多萬元裝潢，所有建材都是挑選品質好的，包括廚房面板，都是實木裁切的木片，下重本。」極盡所能的完美住宅，卻沒料到住不到兩年就因故得搬離，而那些上好建材早已和空間融為一體，無法拆除。

人的思想隨著經歷的事情而改變，「帶不走的裝修，真的讓人心疼。當初找那些材料或是思考如何做的心思，都白費了。」經過了那次事件，終於痛下決心，在中和寧靜的半山腰處買了人生的第一間房子，而這次裝修，他們決定把預算盡量留給家具，至於基礎裝修只要到味就好。於是現在的空間幾乎都由Helen的老公一手包辦設計概念，包括親手做不輸專業級的木工家具。

踩在腳底下的磨石子地板，質感光滑細緻，正是他們著手施工前第一件處理的事情。「地板一定要先弄，不然後續很難施工。偏偏我老公喜歡水泥粉光面的地板，但又要求精緻度，只好四處尋找手藝好的老師傅，當初為了這地板，多少拖延了施工進度。」找尋過程一波三折，但也因為堅持，不想屈就，幾經輪轉終於找到了手藝不錯的師傅。只是水泥地容易有裂縫，為了避免愈裂愈大，於是大多會在地板上加裝銅線，就像是早期老房子的格狀磨石子地板一般。至於整個地板需要鋪設的銅線線條圖樣，不想太過簡單但又不希望複雜，Helen老公最後繪製了一個簡單的幾何圖騰。

	1
3	2

1—由餐廳朝客廳望去，空間內家具雖然不多，卻是件件精采。

2—男主人親手做的木作椅，很有專業水準。

3—餐桌桌面是片老木頭，色澤和觸感都是Helen尋找很久才對味的老物。

廚房有個水泥鑄成的檯面，也是個巧思。「廚房還是要有個後台，做起事情真的比較方便。」偶爾會做些點心的Helen，總會在檯面上秤量材料或準備晚餐，檯面實用性高。而會選擇用水泥來做成檯面，是為了帶些粗曠自然的觸感。「而且尺寸和高度，可以符合我們的需求。」

保留建材原貌質感，手作家具更有情感

雖然做事嚴謹，但他們更重視事物的原貌質感，在臥房內也可窺見這習性。請木工施作的衣櫃，不但沒有加裝門板，整體櫃子裸露最原始的夾板模樣，未再包覆任何實木或美耐板貼皮。有些東西不盡然跟著做都是對的，個人喜好還是決定因素。大多數人會貼覆貼皮在夾板表面，但對Helen來說，夾板本身模樣雖然不精緻，但獨有的層層結構，反而有種樸拙韻味。

空間內的家具大多收藏多年，像是懸掛在客廳電視旁的荷蘭老燈，顏色優美古典，平添了空間雅韻，就是Helen多年前購買的。但客廳窗戶邊的小茶几、和室前的木椅、廚房餐桌的長板凳、衛浴的面紙木盒，都是出自男主人之手。有陣子因為對木作有高度興趣，於是去林口的教學場學習了一年左右，做出了這些線條優美的家具。

如今的房子，雖然沒像之前的老公寓花上兩三百萬元，看似很多地方有些屈就，像是廚房面板是建商提供，不像之前是美麗的實木門板。但Helen說：「我反而喜歡現在的房子，就算以後又要搬家，心裡也比較輕鬆，至少朝夕相處的這些家具都可以跟著我們。而且這次整個裝修都是我們自己親身參與，與這空間感覺上更親近。」

1	
3	2

1－廚房後方增置一處小平台，讓Helen下廚或做點心時方便不少。

2－橘色櫃體配上從香港買回來的橘色檯燈，為室內添了些活潑。

3－浴室延伸了磨石子地板的質感，搭配昏弱的光線，很有放鬆的效果。

採訪側記，

Helen夫婦的家，早就聽說很精采。可惜和小妹開了咖啡廳之後，為了讓店裡營業狀況更穩定，相對少了很多串門子的時間。Helen他們上一個重金打造的完美住宅，連看都沒看到，他們就搬離了。

聽到Helen他們的嘆息，其實有點難過。以他們的個性，想當初改造那間老公寓，一定是想盡辦法讓每一處角落都是美好的。但生命有時候的轉折，或許就是個轉念的機會。因為我也是傾向把預算留給好家具的人，一個家，一個空間，你永遠不知道能相伴多久，也許某天因為人生規劃，得遊走他鄉，那麼空間就只能賣掉或是擱著。

但家具不一樣，機動性較高，可以伴隨你遊走千山萬水。曾經聽說有些到處旅居世界各國的人，每到一個國家，只需要租一間格局和屋況良好的住家，不需要任何家具，因為有一整個貨櫃的家具等著進駐，快速就能把屋子布置成熟悉的樣子。我想，家給人的溫暖，不僅在於有個空間容納事物，更在於每件物品都是日常生活的夥伴。

Helen

年齡：43歲

職業：《相約私房美味》、《預約私房美味》等書籍的作者

對空間的想法：要清楚自己要什麼，不要什麼，那麼就很容易規劃空間了！

洞見建材初始風采，整合放大感空間

家具，夠用就好

生活有很多面貌，依據每個人的需求，而有不同的家居風采。Jay本身就是室內設計師，很清楚自己想要的生活，家自然依循著他的想法而架構。知道自己要什麼、不要什麼，空間才有了生命。

空間簡介

坪數：約二十三坪

空間特色：自在舒暢的居家空間

使用建材：梧桐木實木貼皮、水泥粉光、玻璃、黑板漆

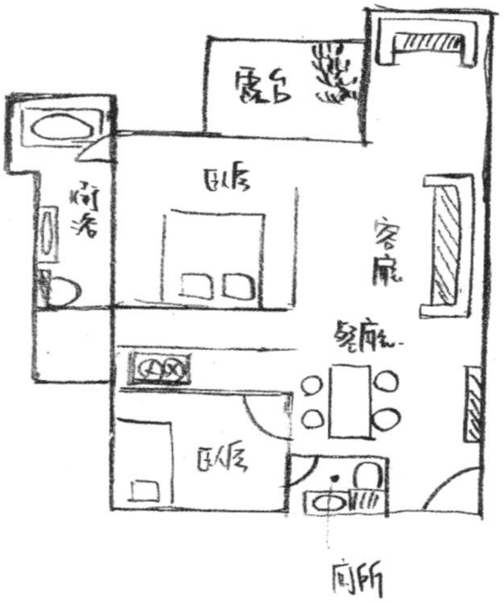

22

總會很好奇，室內設計師都如何設計自己的家？不是業主委託，不需要傾聽業主需求，不需要適應不習慣的生活模式來設計空間，只需傾聽自己的心，在意家人需要。Jay說：「我只想在自己家回歸喜歡的東西。」

台灣的居家設計案有個奇怪習性，總是當前流行什麼，就有一窩蜂的屋子都是相似的設計風格，可對Jay來說，每個屋子都應該凸顯主人個性，而不是一味追求流行，「自己開業後，我都會建議業主，想清楚房子的設計定位，你不只是想到這幾年，還要想到往後數十年，是不是都會喜歡空間的模樣。」

水泥與梧桐木紋的質樸美

兩年多前，著手設計自己的家時，Jay把這句話切實回歸到家中。「我喜歡放鬆的空間。」所謂的放鬆，是不做不必要設計，僅從基礎設計下手。比如必須要做的地板、隔間、衛浴、壁面、窗戶、燈具等，都是基礎工程，像是組裝模型一般，每個細節的材質和顏色都要慎選，組裝出來的空間，就是家的模樣。因為沒有累贅設計，空間回歸最自然的純粹，遊走其中都是自在。

「我家只是把基礎工程做好，寧願把預算都花在家具上。」對於家具，Jay倒是很有堅持，「家具才是最貼近生活的夥伴。」一張沙發、一張桌子、一張椅子、一盞立燈，不但妝點了空間，更是每天都會使用到，值得多花點錢。

1—家具不用多，夠用就好，Jay的家因此看起來清爽舒適。

2—陽台地板鋪了戶外專用木材，踩著實木的觸感，很溫馨。

3—在昏黃燈光打亮下的餐桌，有著一股平靜安詳的氛圍。

基礎工程上，Jay花了一番心思。地板是樸實的水泥粉光，為了營造樸拙感，但又要迎合居家空間，不能太過粗獷，於是分兩次施工，先鋪底層，等待乾燥後再鋪第二層。第一層的水泥地因為鋪的較厚，裂縫也較大，但第二層則只鋪薄薄一層，裂痕較為細緻，在上頭光著腳走動才不會有粗糙感。「我很喜歡自然的建材模樣，水泥地就是很自然的感覺，隨著使用時間愈久，會有不同的痕跡。」而那痕跡，就是歲月的脈絡。

家中也大量使用梧桐木實木貼皮，利用在櫃體上，像是客廳電視牆、餐廳背牆，還有廚房壁面。實木貼皮依據厚度不同，質感也不盡相同，Jay使用較厚的梧桐實木貼皮，更貼近實木觸感。表層刻意選用帶著凹凸刻痕，營造粗曠感，加上梧桐木本身的色澤清雅，不再另外上色，保留原始面容，「很多建材的原始面貌就很好看，不需要再刻意遮掩，我喜歡很自然的感覺。」

家具夥伴新舊混搭

水泥地板、梧桐實木貼皮，決定了空間大致色調，再來就是家具的搭配。沒有刻意喜歡哪個時期的家具設計，只要是好看的，Jay都喜歡，於是家中家具新舊交雜，像是入門玄關處擺放的北歐風柚木長櫃，線條簡練，家中家具已經很少，長條櫃體正好拉長了視覺，讓空間不顯單調。

1	
3	2

1—純淨的臥房，有著好採光，室內有種簡約的美好。

2—很多人忽略了廚房空間，但Jay認為有個好看的廚房，能讓下廚時光更美好。

3—Eames的椅子，早已是經典，從事設計的人，都會渴望家裡也能擁有他們的單椅，因為好看又好坐。

餐桌則是將有著各式顏色的老木板拼接在一塊，各自經歷多年風霜的木板，原本層層塗料早已斑駁。Jay喜歡那斑駁感，像是無語地吐露著歲月的故事，還特意加以磨損，凸顯木板的時光痕跡。「我喜歡上頭的顏色，那不是單一的顏色，而是不同時期漆上不同顏色的油漆，一層層堆疊，再經過時間的風化磨損，慢慢表露出來。」上頭龜裂的油漆，是自然的風化形成，即便如今在新的門板上，一層層刷上不同油漆，也磨損不出這樣的感覺，帶著時間感的家具，讓Jay覺得空間多了些溫度。

餐廳旁的廚房拉門，漆上了綠色黑板漆，原本是想讓幼兒能有舒展繪畫天份的地

方，沒想到小孩根本沒有想塗鴉，只好變成Jay偶爾畫些有趣的小插畫。不過綠色黑板漆倒是讓人回想起小學時光，那年代還是用黑板教學，書寫的粉筆得用板擦擦拭，總是落得一身粉筆灰。不過才差一個世代，很多事情都改變了，還好，家總是溫暖的。

預計當小孩房，不過現在兩位可愛的小寶貝都還是跟著爸爸睡。

「我家的家具不多，因為家具夠用就好，但我願意多花點錢，買好一些的家具。」所謂的好一些，倒不是說非得是經典家具，Jay重視家具的美感勝於價錢。像餐桌的吊燈是早期的礦坑吊燈，時間感濃厚，而玄關長櫃，也是七〇年代老家具，都保留完好；而搭配的餐椅，則是美國知名的設計師夫婦Eames設計的單椅，「我喜歡他們的設計，簡單好看又實用，難怪歷久不衰。」

前後陽台的必要性

屋子雖然才二十三坪，但往往來訪的客人，都會覺得像是有三十坪大。「可能就是因為家具不多，空間反而顯得大了。」也可能是屋子有前後陽台，拉開了視野。「當初看房子，我很堅持一定要有前後陽台，沒有的話，就不用浪費時間去看了。」Jay說生存在這個社會，已經有太多雜亂紛擾的事情，回到家，他希望空間很純粹。陽台就像是跟外面多了一道隔閡，有種與世隔離的感覺。「我家在淡水，工作室在大直，很多人說這樣路途不遙遠嗎？但我就是喜歡住在郊區，距離都市不會那麼近，回到家有種很放鬆的感覺。」

每個人想要的日子不盡相同，有些人適合住都市，享受著喧鬧，而Jay則是假日都窩在淡水，他說：「禮拜六日，我可以跟小孩子待在家一整天，不出門也很開心。」那麼到底都在做些什麼呢？「很多事可以做，看電視、玩遊戲、睡覺、吃飯、嘻嘻鬧鬧，時間很快就過去了，而且我們都覺得家裡很舒服，在外頭找不到比家裡更舒服的地方了。」很平凡，但也很不平凡的日子。有多少人可以待在家一整天不出門，不會覺得無聊？這是因為Jay花了很多心思，把家裡打造的很舒適，舒適到覺得是最好的地方，而這就是「家」存在的意義。

1—不同色澤的舊木板拼接的餐桌，細心處理下不刮手，色澤鮮豔中帶些滄桑。

2—望出去是一片遼闊，這是居住在都市內享受不到的好風光。

3—好天氣的時候，Jay喜歡走到這裡，看看戶外風景，拋開一切煩惱。

採訪側記

很早以前就注意到Jay的空間了。因為他是以前同事的好朋友，而他提供的居家照片，就是我同事拍攝，當初從臉書上看到照片，就印象深刻。可能是職業病，看到漂亮的空間，即便已經離開了報社，還是會很留意，總想著也許有一天能去採訪。

採訪居家空間最有趣的地方，在於可以瞭解那個空間是基於主人如何的思維，怎樣的經歷，而被架構出來。Jay的空間，最棒的在於把空間恢復到最純粹的模樣。很多人有了家，會急於添購家具，覺得少了椅凳，就買椅凳，少了邊桌，又跑去買邊桌，如果因為什麼都想要，而添購了一堆家具，其實只是增加空間的負擔。

但Jay的家，真的沒有太多家具，就像他說的，「東西夠用就好。」要是覺得茶几擺不下，就多走兩步放到餐桌上；家裡雖然椅子不多，朋友來的時候把餐椅或是落地窗旁的小沙發搬來就好。不用為了怕家中有訪客，而買了平日用不到的家具。我一直覺得這理念很好，只要專心買自己喜歡且需要的東西，就足夠了。

Jay

年齡：36歲

職業：植形空間設計負責人

對空間的想法：將空間留給最常用的活動範圍，可以凝聚一家人情感。

老物堆積懷舊時光

記憶的足跡伴隨家具流轉

要怎麼去說「生活」這件事？一百個人，就有一百種生活型態。人們總愛高談闊論，生活該怎麼過如何做，在我看來，開心就好，重要的是自己如何看待。如果你擁有一個空間，會怎麼營造它？是以自身喜好為依歸，還是為了讓別人感到有興趣而打造？前者真性情，後者太虛偽。而我喜歡**Zeno**的空間，就因為他很「真」。

空間簡介

坪數：二十五坪

格局：

工作室／接待區、洗髮區、廁所、廚房、小陽台

臥房／衛浴、更衣室、小陽台、主臥

空間特色：用從小收集到大的各式家具妝點空間

使用建材：舊木料、紅磚、玻璃

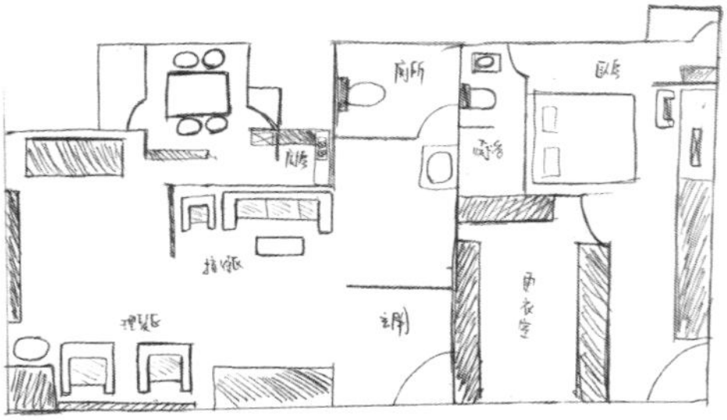

認識Zeno才五年，他已經搬了三次家。大概是我認識的朋友中，搬家次數最頻繁的一個人。「每個家我都很喜歡，但有機會能往市中心搬，總是好的。」就這麼一路從汐止、南港、捷運市政府搬到東區，未來還搬不搬？「有考慮耶！我想找再大一點的房子。」這就是Zeno。

這是一間擁有四十多年歷史的老公寓，Zeno買下前甚至有朋友勸阻。因為公寓外觀沒有維護，模樣老舊，尤其晚上感覺格外陰森。但這房子有個大天井，每層住戶都環繞著天井自立門戶，一共三座樓梯通往上層，頗有港味。

天井的設計像是圈住了居民的生活，進出都看得到整層樓全貌。看著很有趣，Zeno強調那是因為他小小翻修了通往二樓的樓梯，所以我看到的是比較美好的一面。裝修有趣就為了這點，可以鬼斧神工改造空間面容，像是動了場大型整容，而這間房子就是經過大刀闊斧。

裝修時的將錯就錯反成特色

Zeno將二十五坪的室內空間一分為二，各自擁有獨立門戶。臥房和工作室各佔八坪和十七坪。工作室內利用廢棄木料做隔間，區隔休憩區、理髮區和後方的洗髮區、小陽台、小餐廳、小廚房。說到廢木料隔間，Zeno想起一件趣事，原本請木工師父愈往天花板釘，木板間縫隙要留的愈大。有趣的是師父愈往上釘，Zeno不論如何提醒，都看不出縫隙間距上的差別，最後他就放棄了。

1		
4	3	2

1－綠色電視櫃Zeno特別喜愛，普普風的俏皮，加上線條俐落，懷舊中帶著現代感。

2－掛上北歐風圖樣的老布當背景，就是很好看。

3－原木書桌就是有種討喜的溫潤感。

4－休憩區的沙發好看又好坐，帶點駝色的皮沙發不止客人喜愛，Zeno的愛犬布丁也相當識貨。

廚房和休憩區間有面大片茶色玻璃，也是個脫軌設計。原本要用舊有老鐵窗重新上漆做裝飾，營造復古風。Zeno一直將老鐵窗放在室內，想等需要時再使用。有天卻發現鐵窗不見了，原來是工地裡的某位師傅以為他不要就拿走了。Zeno哭笑不得，再次將錯就錯，變成用茶色玻璃當隔間。往好處想，這面玻璃成了收集名人親筆簽名的好去處，也挺不錯。

收集小物點綴，越老越有味

室內用色頗重，黑色地板、黑色格狀窗戶，穿插原木色增添溫暖。牆面則以未經粉飾的水泥牆、紅磚和木條拼接的隔間牆為主。空間內的家具，許多都是多年來一路相隨的老友，八成本身就是老家具。喜歡老東西，似乎不需要什麼原因，目光自然就被抓了過去。Zeno說早在高中求學時，就特愛逛當時還未改建的光華商場。

那時候最愛逛賣舊貨的攤子。學生本來錢就不多，只能買些小物，莫名的收集起可口可樂玻璃罐、已經停產的味王鐵罐等等老東西。既然十七、八歲就開始收集，到如今也快二十年，東西愈收愈多，樣樣都捨不得丟，擺在空間內通通成了裝飾。「我還好多都沒擺出來，東西太多了，很多都只好封在箱子裡。」

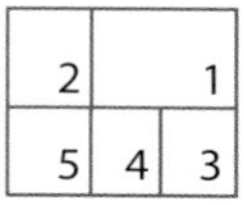

1—做的有點像是飯店造型的檯面，結合書桌和電視櫃，是很節省空間的做法。

2—提供給客人自取的茶水檯也不輕忽，用的是一臺將近六千元的美式咖啡機，一旁的檯燈和掛布是我很喜歡的北歐風圖騰老布。

3—舊木料，老椅子，老照片，將喜愛的事物拼湊在一塊兒，就是自己的味道。

4—我也很喜歡的家飾店CN Sense，買東西送的購物袋，大多人都會留著，隨意擺著都很好看。

5—入門的玄關布置的很有家的溫馨感，讓人一踏進就感到放鬆。

免費享用
請自取

MIES
27-3-86
THONET

CN
sense

擺飾講究風格，家具訴求實用

雖然收了許多小東西，Zeno對買家具倒是很有把持，「畢竟家具體積都不小，而且是會確實用到的東西，材質、舒適度，都很重要。若買到了不好用的家具，就像是添購了一件大型老東西，中看不中用，很浪費錢。」

像是綠色塑料製成，結合木作的電視櫃，他偏愛其整體造型，帶了些普普風活潑亮麗，加上老東西歷經歲月洗鍊，早已透露不同於現代家具的氣味，以一種獨具魅力的姿態邁入空間。

電視櫃上方的架子也是整組老件，包含鐵架。線條簡練略帶北歐風，且顏色溫潤漂亮，又能擺放展示品、美髮

用品。即使請木工師父釘製一模一樣的櫃體，價錢不見得便宜，而且少了股時光味。

既然是髮型工作室，自然有理髮椅。既然喜歡老東西，理髮椅自然也得是老東西。從專賣二手美髮器材的店家找回這兩把模樣雅痞的皮質理髮椅，擺在店裡，正好。原本Zeno要買更加懷舊的台式理髮椅，但體積過大也就罷休了。空間內家具家飾的搭配，就像服裝穿搭，有時候沒道理可言，只是一種感覺。你說若當真買了台式理髮椅不好嗎？我想也不會，不過就是空間配件和其他家飾的擺放會和現在截然不同罷了。

滿屋子收藏，不是為了裝飾空間而買，是一件很過癮的事。

牆面劃開生活與工作

隔壁八坪大的套房，就是Zeno下班後的私密空間。空間拆成兩半是為了保有完整個人空間，Zeno將臥房規劃成獨立門戶，雖然只有一牆之隔，但出入獨立也就多了隱私感。這樣微妙的格局規劃，挺有意思，想想下班後關起店門，走兩步，真的只需兩步就到家了，多好。

獨立門戶的臥房空間約八坪大，用紅磚牆做為與工作室區隔的隔間，隔音效果比木作隔間好。Zeno並沒有將壁面都漆上油漆，而是保留了紅磚牆面的原有風貌。和臥房相連的工作室，同一壁面也是保留紅磚牆面，雖然兩邊風格截然不同，唯一串起相連性的倒是這堵牆。

不同於工作室的懷舊風原木色，白牆配上紅磚，這處小空間明亮簡單。窗戶正對著廟宇，而不似都市中常見的緊臨樓房，採光好，且見不到對面鄰居，光是窗外廣闊就羨煞人。他還保留了古早時期廚房常見的階梯狀流理台，刷上嶄新的白，變成放綠意的小檯面，而非為了爭取空間而打掉。老房子重新整理時，不一定要全部捨棄，試著找出特色，有趣地方可以保留，就像這處角落稍做整理可當小陽台晾衣服、種植物，挺好的。

重視浴室空間的他，每次重新整理房子，一定會納進浴缸。淋浴可以沖走疲勞，尤其經歷疲憊一天，洗完澡沒有不神清氣爽的。浴室空間雖小，但值得花費。尤其有浴缸還能泡個澡，天冷的時候泡在熱水中，想起來都覺得暖呼呼。

一直覺得生活中最享受的事，莫過於能在自己空間中得到真正放鬆。Zeno利用風格的不同，讓同為一個門牌號碼的空間各展姿色，也讓工作和私人空間拉出距離。雖然，就只是在隔壁。

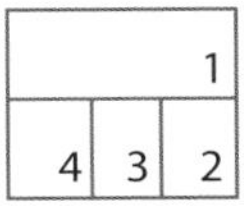

1—空間顏色簡單，再用線簾隱約區隔臥房和衛浴的界線，讓空間看起來更有層次。

2—室內採光很好，白天不需要點燈就很明亮，給人一種朝氣感。

3—該學著對自己更好，把衛浴打造得舒適是一件很享受的事。

4—其實只是無聊寫在燈具上的小字，看著倒很有意思。

Room café

Coca-Cola
TATUNG
Tatung Boy
PONY
murphy richards
ITEM NO
VOLTAGE
110V
220V
COLOR
Winton

採訪側記，

我是個愛買東西卻不懂珍惜的人。常買著買著，東西就都不知道收去哪，或被粗魯弄壞，只有購買當下像是沒有它不行，到手了卻又不感到稀奇，是很糟糕的購物習慣。但Zeno不但愛買，買得比我兇比我久，還比我懂得珍惜多了。所以他的空間，簡單描述可以說懷舊，但我感受到的不只單單懷舊兩字可以形容，更多的是用珍惜的心，對待每一件物品。

當他說二十年前收集的可口可樂玻璃瓶罐都還留著，我馬上聯想到自己買過那麼多小物，卻從來沒有好好照顧，二十年後我擁有的是什麼？

能多看看別人的空間是有趣的，尤其是很有故事性的空間，像是看到不同的生活足跡，刺激著我對生活有更多想法。Zeno用收藏布置出一個美好空間，空間中每件物品都有著時空背景，有的或許令人想起青春無敵的學生生活，有的或許想起初踏入社會的酸甜苦辣。當擺飾不只是擺飾，更像是一種生活紀錄，才能創造出生活感。這樣的空間，無法被複製，因為每個空間都是一個故事。

Zeno

年齡：40歲

職業：髮型設計師（zeno.hair）

喜好：跟生活有關的一切都有興趣

對空間的想法：只想要弄得很舒服，就可以待在家一整天都不出門。

無法回頭的癡迷老件之路

十八年累積絕品蒐藏

和Gong不常碰面，但每次碰面一定會聽他聊起最近又看中哪張老椅子，哪件老家具，他會仔細分析著那張椅子好在哪，但又不足在哪，或是說起那件櫃子為何吸引他。這些滔滔不絕的談話，讓人完全可以感受得到他是真心喜愛老家具，無怪乎買到得把放不下的老東西送上貨車，運回屏東老家。

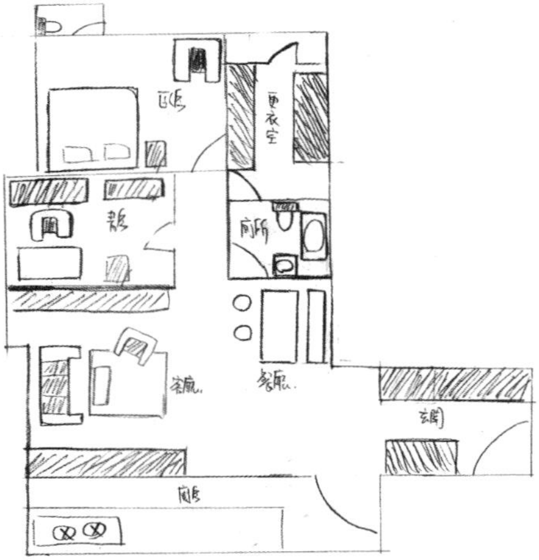

空間簡介

坪數：二十六坪

格局：客廳、書房、更衣間、衛浴、臥房、廚房

空間特色：買了十多年的老物充斥家中，堆疊歲月痕跡

使用建材：指接木地板、油漆

一九九五年買下人生第一件老家具「文書櫃」，是日據時代用檜木製成，供圖書館建檔用的櫃體，因為喜愛它的外型典雅且用料扎實，往後十八年，Gong踏進了無法回頭的蒐集老物之路。

非關流行，珍藏少且好的家具

「你問我為什麼？我還真的不知道，也許是喜歡歲月的痕跡，也許是喜歡那韻味，反正這些老傢伙就是很對我的胃口。」說來有趣，Gong以前明明是旅遊線記者，對這些老燈老家具的瞭解，卻勝過許多跑家居的記者。「我想那是因為喜歡這些東西，已經變成我生活的一部分，三不五時我就會逛網拍逛老家具店，還會找資料研究。」Gong買到台北的房子都擺不下了，只好請貨車搬回屏東老家，讓他直呼「不買了，不買了，而且現在好東西愈來愈少了。」

十八年前，台灣還不流行懷舊，當初應該還流行著所謂的新古典、極簡、美式鄉村風，當初因為不流行，要買容易且便宜，甚至路邊撿都撿得到。Gong的走廊上懸掛著被裱框的紅衛兵臂章，就是十多年前到大陸遊玩時，在路上撿到的，「現在光是想買都不容易了，哪還撿得到。」

老東西的珍貴就存在於「少且好」，若是買到相對價值性高的老件，Gong當然開心不已，「很多老家具會因為重新上漆造成漆體太厚，導致木頭容易腐爛，反而喪失價值。」Gong的書房內有件檜木書櫃，上頭的黑漆就是原漆，漆體斑駁反讓檜木不時地吐漏芳香，「每次入門聞到這股香氣就很爽。」

1—家裡人口簡單，餐桌自然也不用太大，但實木桌面的溫潤觸感還是要堅持的。

2—帶了些現代感線條的老燈，散發古典氣息。

3—放在玄關的文書櫃就是Gong買的第一件老家具，格外有意義。

乘載文明與回憶的書房

書房內還有件重達一百公斤的老式加法機，生產於一九〇三年。但是工業年代剛興起時，銀行或商家使用的事務機，機器本身不貴，因購自美國，加上機體重，運費就可觀了。機器旁的牆壁掛著四幅地圖，是日據時代的手繪台灣地圖，正本被收了起來，掛著的是Gong拿去掃描後的數位輸出，拆成四等份掛在牆面當裝飾，以現在來看地圖的比例其實有點怪，但頗具趣味。旁邊還有本書，整本被錶框起來，只露出書封，「我出生在屏東，看到這本書的書封畫的是屏東糖廠的煙囪，就感到格外親切，小時候我就是在這煙囪下跑來跑去。」

書房內的醫生椅，大約也是十八年前所購買，他強調現在炙手可熱的醫生椅就得長這樣。有些人濫竽充數，可惜老東西的市場行情被哄抬太快，卻沒有相關文件或書目客觀詳細的介紹，怕是許多事久了，只得將錯就錯，與原貌有了落差。

物件價值個人定義

來Gong家像是走了趟時光迴廊，可以看見老時光的脈絡。目前充當更衣室的房間內，有個日式老衣櫃，以前專門用來收納和服，櫃體除了用料好，更特別在拉門上頭的徽章，是織田信長的家臣專用圖騰。「但你說這櫃體價值能有多高？不過是我們自己認為很有價值罷了。」也是，但喜歡的人迷戀的也就是那消逝時光駐留在老東西上頭，供人遐想的那點餘韻。

1	2
3	4

1—擺滿了書的櫃體，散發著書香和檜木芳香，增添了書房的書卷味。

2—客廳邊的書櫃，採大小不一的格狀設計，既可以擺放大型展示品，也可以收納小物，很實用。

3—Gong珍藏的醫生椅，好坐且造型古典，現在想再買一張不但難找，價錢也貴。

4—遠渡重洋來自美國的加法機，雖然功能性早已被輕巧的計算機取代，但全鐵打造，形體厚重又帶歷史意義的價值，永遠無法被取代。

TINTIN
ON A MARCHÉ SUR LA LUNE
À SAIGON
TINTIN
AMÉRIQUE
TINTIN
L'OREILLE CASSÉE

WALES

WALES

當蒐藏老東西成了習慣，即便旅行也自然地把尋訪舊物納入行程表。客廳書櫃旁的鐵件高腳椅就是從英國帶回來，「其實這把椅子不是老件，而是一名日本設計師依據工業時代常會看到這形體的高腳椅為發想，加入一些自己的想法重新設計的復古椅。」Gong說那個時期又被稱作美好年代，那時期的家具被稱為「Art Deco」。

受到工業化影響，結合現代主義，Art Deco以俐落線條為其特徵，材質喜好使用鋼鐵，所以家具大多實用厚重；工業化形式的椅子偏硬，不見得好坐，但形體粗獷而且耐用，相對價值性高。他還從英國二手家具店帶回一張合台幣一千五百元，一九二〇年左右生產的實木折疊椅，而這張折疊椅不但小巧可愛，令人驚喜的是它居然很好坐。

老物不與舒適度相違逆

收集老東西其實是很有趣的歷程，買老東西我們會好奇它的生產年份，計算它已有多少歲月，有時候還會發現一些驚喜藏在裡頭，像是舊書、電話、留聲機，偶爾會看到毛筆字書寫的家書、任職狀和情書。雖然那時光早已遠離，翻閱這些書信的時候，還是帶著點偷窺的感覺。

不要以為Gong喜歡老東西，就不顧生活機能舒適度。客廳擺放的還是柔軟大沙發，線條簡約大方，坐起來軟硬適中。「我還沒有喜愛老東西喜歡到喪失理智，生活還是要過，看電視或是睡覺總希望是舒服的。」

空間依據著使用者的意念而被創造，就像Gong的家，像是個舊時光博物館，累積了許多時光故事，那是用十八年光陰換來的，但日常生活還是像個現代人，畢竟許多生活的便利性終究讓人無法割捨，但又何妨，還是掩飾不住老物在空間內迴盪的氣息。

3	
4	1
5	2

1—臥房的床鋪邊，放了盞閱讀燈，書籍也隨性堆放一旁。其實我特別喜歡高高疊起的書堆，有種自在的生活感。

2—日據時代的手繪台灣地圖，雖然上頭的地名早已物換星移，但也因此看著地圖格外感觸。

3—日本設計師設計的工業風高腳椅，模樣扎實復古，很是好看。

4—以前用來收納和服的櫃子，小拉門上頭的徽章，據說就是織田信長家臣專用的圖騰，讓人對這櫃子徒增許多幻想。

5—來自英國二手家具店的折疊椅，椅墊處設計為鏤空圖樣，增加透氣感。

NOW A MAJOR MOTION PICTURE
EAT PRAY LOVE
ONE WOMAN'S SEARCH FOR EVERYTHING ACROSS ITALY, INDIA AND INDONESIA
ELIZABETH GILBERT
BARKS

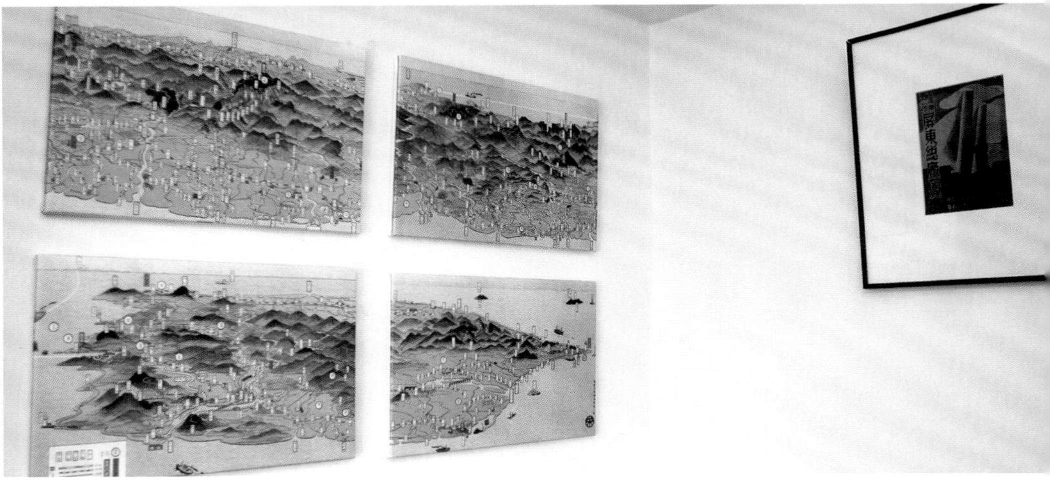

採訪側記，

算一算認識Gong七、八年了，不算很長但也著實不短。因為曾經是同事，一直以來認識中的他，就是爽朗豪邁，懂得吃、懂得玩、懂得品酒、懂得欣賞老家具，總而言之，就是懂得生活。不知道會選擇當記者的人，是不是骨子裡都喜好自由，不愛受拘束，但是肯定的是我跟Gong都是這樣的人，討厭追逐潮流，只過自己想過的生活。人生已經太多無奈，自己的生活總可以選擇吧！

但想過好生活是不是得花很多錢？其實懂得享受，錢花在刀口上，才活得出精采。Gong的家約三十坪大，裝潢只花六十萬元。僅做基礎工程，沒有過度裝修，花費集中在廚房和浴室，他說：「你別看浴室小小的，但用得好，回饋給你的舒適度卻很大。」所以他家裝了免治馬桶，浴室一共花了十萬；喜愛下廚且有好廚藝的他，自然對廚具也是一番講究，所以廚房花了二十萬。地板的觸感也很重要，因此鋪了拼接實木地板，大約十萬元，但Gong說：「我現在覺得當初鋪超耐磨地板其實就可以了，現在的超耐磨地板不但花紋漂亮，質感也不差，還少了實木地板用久了容易衍生的翹起來或是熱脹冷縮的問題。」不過，我覺得如果回到當初，Gong還是會選擇拼接實木地板，因為實木觸感還是無可匹敵。

Gong

年齡：40歲

職業：自由工作者

喜好：旅遊、逛二手家具店或跳蚤市場、閱讀

對空間的想法：家要能讓人過得自在舒服

遵行DIY，緩慢打造山居歲月

遠離塵囂的幽靜居家

想清淨，就要離都市遠遠的。環境相對寧靜，友人拜訪的也不殷勤，就有更多時間過著自己想要的日子。就像賽門在北投山腰處，擁有一間安詳的溫暖小屋。

空間簡介

坪數：約二十坪
格局：客廳、臥房、廚房、衛浴、工作室
空間特色：一切自行DIY，有些工或許比不上老師傅的專業，但很有成就感
使用建材：油漆、木地板、水泥

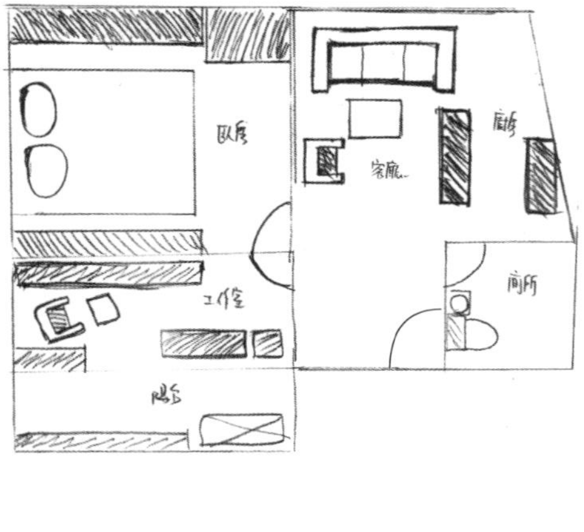

ELVIS
TAKE THAT
GREATEST HITS
BATMAN FOREVER
PAT BOONE · LOVE LETTERS
GEORGE MICHAEL · OLDER

賽門的家，在北投一處山腰角落。總覺得搬到郊區生活的人，似乎有著喜好獨處的習性，不是孤僻，而是重視和自我相處的時間。有些人不怕寂寞，就怕獨處時間不夠，往往只有一個人的時候，最能內化自己。

印象中的賽門很是親切，熱情、活力、話多，朋友也多。「以前我下班後都還沒到家，家裡已經有朋友在玩樂了。沒有不好，我很喜歡交朋友，只是個人時間變得很少。我想要多一點時間可以做自己想做的事，像是閱讀，我覺得閱讀很重要。」搬到北投山腰處的小平房後，路途遙遠，的確來訪友人大幅減少。

刷油漆、鋪水泥的潛在因子

住進來前有段有趣的小故事，這屋子前身是間工寮，而前房客同時也是賽門的朋友，租住時，房子還是維持工寮狀態，無水無電。水得跟鄰居借，電得依靠發電機。或許你會疑惑，這位房客是不是很窮困，但其實他只是想脫離人群，非常單純的理由，居然連居住環境都不在乎了。

賽門承租後，自認無法像他朋友這般瀟灑脫，於是架構了水電，親自鋪了室內水泥地，「房子稍微整修，衛浴換新，臥房鋪上木地板，雖然都是自己來，但至少有點家的模樣了。」室內水泥地板是賽門找朋友一起幫忙鋪設，「搬進來時已經快過年了，根本找不到工人願意幫忙，又急著住進來，只好硬著頭皮自己來。」詢問了設計師友人適當的沙和水泥混拌比例後，就這麼自己鋪了這片水泥地板，還借了一台打磨機，在水泥地乾涸後還得用打磨機磨亮地面，才能呈現如今樸拙的水泥地板。

1—CD架是中藥櫃的抽屜改裝成。仔細看下頭的字，果真寫了不同種類的中藥材，拿來擺CD或收納小物剛剛好。

2—自己串的燈泡，隨性高高低低垂掛，一派率性，就像主人。

3—四周環境清幽，反而不需要電鈴，來訪的友人到了呼喊一聲，或是敲敲門，就知道有人來了。

從小莫名喜歡油漆的賽門，在國小時就懂得買油漆粉刷房間牆壁，如今的房子自然也是親自動手粉刷。「小時候權限有限，也只能動牆壁而已。不過我倒是曾經為了一張比書桌還貴，但真的很漂亮的椅子，努力爭取叫媽媽買給我。」

為什麼喜歡油漆？為什麼喜歡布置空間？為什麼喜歡老東西？我的一堆問題問倒了賽門。「我不知道，一切就是這樣麼自然。」有些人不是不愛錢，不愛名，但更在意「過日子」這件事情，只是日子要怎麼過而已？賽門就是個喜歡過日子的人。

邊改造家具邊磨掉世俗煩惱

家中的擺飾都是他一手包辦，喜好老燈也愛改造燈具，家中的燈每隔一段時間都會移位或換新面貌。和賽門三年不見，他說這段時間家中燈具應該已經變換位置有五遍了吧！「我很喜歡燈，喜歡移來移去，感覺空間氣氛就不一樣了。」

賽門也喜歡改造老家具。「台灣老家具用料很好，只是因為天氣潮溼，很多家具會不斷上漆，以為這樣是在保護家具，其實是害了它，反而導致木頭無法呼吸。」買回老家具後，賽門會磨掉原本多層次的漆料，還原家具原本色澤。磨一件家具很費時間，平均都要花上一個禮拜。磨家具過程是緩慢的，得要有耐心的，但那段時間，反而最能放空心靈，什麼都不用管，只要一心地磨，世俗煩惱都先丟到一邊，只要專心做好一件事就好。

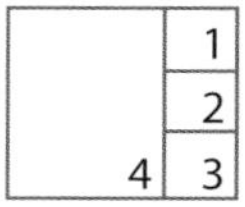

1—過去經驗不足，早期買的木箱並未再磨過表皮，但有些斑駁的外貌有另外特殊的美感。

2—老的木箱也是收集重點。可以收納還能兼當小桌子，不只賽門喜歡，我也很喜歡。

3—有趣的是，採訪許多男性屋主，都不約而同收集各式各樣的可口可樂曲線瓶。「因為線條很漂亮呀！」賽門說。

4—雖然不常下廚，但還是隔了一個小區塊充當小廚房。檯面上頭的老櫃子倒是平添了小角落的風采。

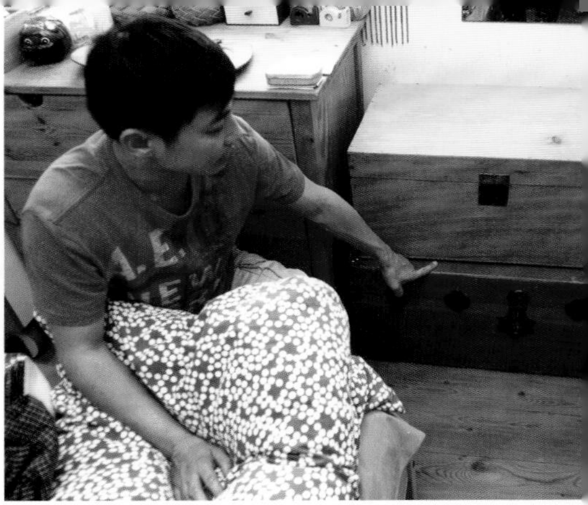

7566-15

DAVID GUETTA
Coca-Cola

買著買著，除了原有的工作，賽門也賣起了家具。因為朋友常跟他購買，女友Tina索性在臉書上幫他成立了粉絲團「Côté Rétro老傢俱。手作」。「我就是因為買太多，不賣掉沒辦法買新的。」，如此一來，賽門可以理直氣壯的買更多家具，有點像女人的購物癖，永遠有買不完的衣服和鞋子，只是賽門的購物癖是老家具。

讓興趣帶領，拆家電拆出心得

他也很愛拆裝老家電。「有些買來，不換內部零件會很容易就壞了。」只是以前不熟悉，常常拆了就拼不回去，「所以一定要拍照，後來我都用拍照記錄過程。」所謂熟能生巧，賽門除了拆家電拆出心得，買家具也買到認得出大部分木頭的品種。「也是因緣際會，三芝有個很懂木材的藝術家朋友需要幫手，我又正好有空，那段幫忙的時間漸漸對木頭品種有些瞭解。」一開始只聞到木頭香，分不清差別，到現在稍微聞一下，大致就知道這塊木料是樟木還是杉木，是段有趣經驗。「你說人生誰知道會怎麼發展？」賽門發現生命有很多事情無法掌控，唯一能掌握的，就是去做自己喜歡的事情，然後，把它做好。

就像賽門現在的生活一樣，假日呼朋引伴，一起租台小貨車，到處看家具，看到喜歡就買，可以自己收藏，還能拿來販售。不得不學會木工的他，除了拿來改製家具，家裡有些小家具還能自己做，好不好看不是重點，而是一種滿足感，或許對有些人來說沒什麼，但能做出符合自己需求的家具，只有對「家」很重視的人，才會懂得那股感動。

1—臥房用色相對較輕，營造了輕鬆明亮的氛圍。

2—賽門年輕時因為收入豐富，買了兩張常玉的作品，其中一張在喝醉時無意識狀況下，被朋友討了去。

3—床邊擺放了一個陶缸，冬天可以燒炭取暖，有種森林小屋的感覺。

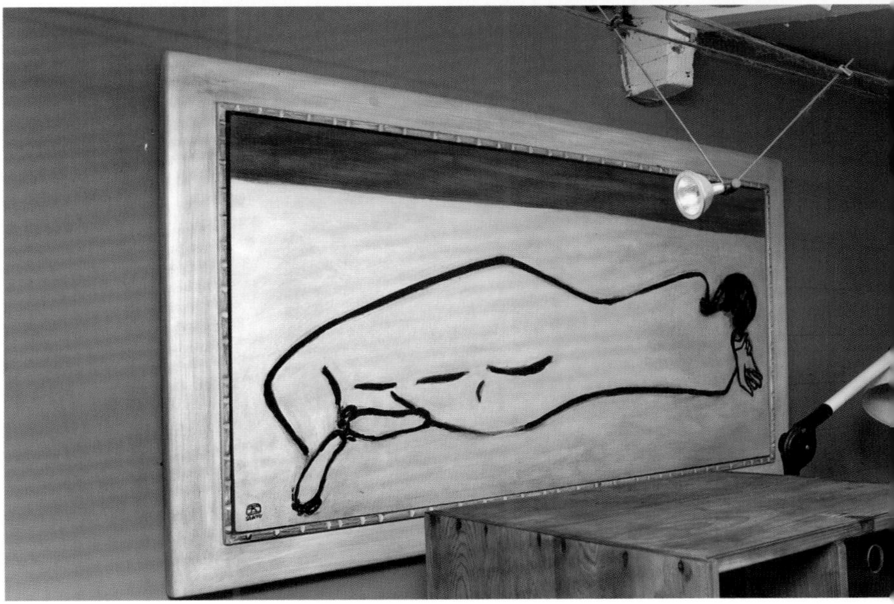

採訪側記，

賽門這個人，總讓我想起《大亨小傳》的作者費茲傑羅。有才氣的費茲傑羅很早就出名，所以稿費驚人，喜好享樂，一直過著奢華生活，但賺錢速度卻趕不上龐大開銷，最終還是窮困潦倒；而賽門在二十五歲時靠賣酒年薪破百萬，少年得志加上喜好交友，賺得多花得也多。他們相似在年輕時的生活習性雷同，最大不同是賽門很快驚醒了，所以搬到他口中「窮鄉僻壤」的北投山腰處。

其實賽門是化工研究所畢業，因為喜歡喝酒，當了酒商業務，進而變酒商合夥人；他的人生是有意思的，不做勉強自己的事，連工作都是找自己喜歡的。而我喜歡他現在居住的環境，很清幽，像是落在鄉野裡頭的小房子。遠是遠了些，但回到家中，享受到的幽靜和溫暖，是花再多錢也買不到的。

採訪那天，我問了賽門：「為什麼這麼愛喝酒？」他回答：「誰喜歡喝酒啊？酒從來不是好喝的東西。但愛喝酒的人，都是喜歡微醺的感覺。」這是不是就像是誰喜歡工作呀？但如果不工作就沒有錢買自己喜歡的東西，不能買喜歡的桌子，喜歡的椅子，喜歡的燈。人生總是充滿無奈，只好自己找些樂子。賽門就是個好例子。

賽門

年齡：39歲

職業：臉書粉絲團「Côté Rétro老傢俱。手作」管理人

喜好：喝酒、買家具、做木工

對空間的想法：布置一直存在我的生活中

斑駁牆面伴隨陶藝、字畫

自在瀟灑的人文居所

陶藝家陳九駱，人生最窮困時，在三芝租了間滿室壁癌的海砂屋。住在條件這樣糟糕的屋子裡，從來沒有放棄生命的喜樂，隨處角落堆疊著陶杯，壁面懸掛著各式字畫，命運即便多舛，以自身風雅孕育了家的風味，原本醜陋的壁癌，成了凸顯氣韻的存在。

空間簡介

坪數：約四十坪（二層樓）
格局：茶室、衛浴、臥房、廚房、工作區
空間特色：以陶藝、字畫、光影營造空間美感
使用建材：榻榻米、木頭

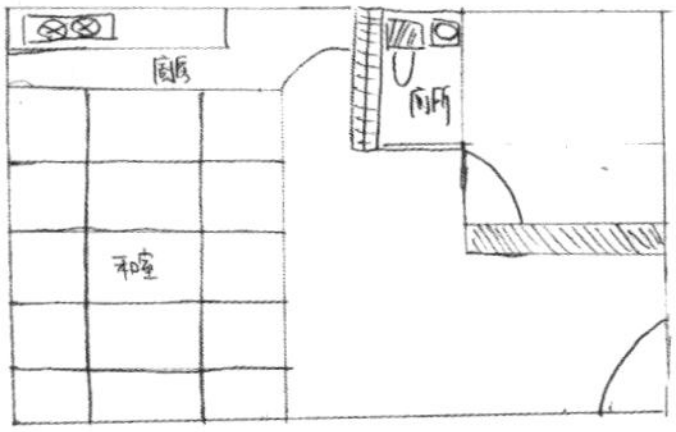

1F

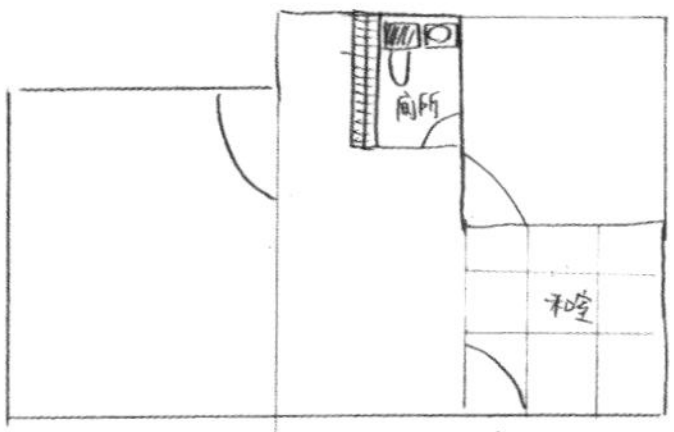

2F

這處空間內，沒有明確的區分客廳、餐廳或廚房。「當初住進來時，一切都很簡陋，我也就這樣沿用下去。」除了在一樓用榻榻米鋪設出品茶區，靠牆的層櫃擺滿了各式各樣作品，許多是過陣子要送去杭州或北京美術學院，有些則是九駱大哥留在身邊的次級品。記得起初來訪時，作品隨性堆滿角落，也不過四、五年光陰，每次來這兒，空間總是稍有變化，改變雖然是緩慢的，只要讓家愈變愈好，就是好的。

茶室暢談，風雅溫暖

沿著樓梯走上二樓茶室，一入門斗大書法掛在牆面，寫著「無一物」，九駱大哥說：「我把我家取名『不積山房』。為什麼叫不積呢？就是無一物，所以我的書法家好友特地送了我這幅字畫。」吃素三十多年的他，不敢說篤性佛家，但憧憬不執著的心境。

這間茶室陳列簡單，凸顯了四面壁癌，像是潑墨畫流盪在壁面。「很多事情如果無法抹滅，那就接受他。就像這些壁癌，我不可能拆掉房子重蓋，所以我得和它們共處。」這不是無奈，而是一份灑脫。

或許大起大落豐厚了他的內心，就像是經典名著大多出自慌亂年代。五十歲才開始做陶，不過十年光陰，九駱大哥的作品已被競相收藏，但自滿沒有拂上他的臉龐，「錢對我來說，從來不是最重要的，反正我是一個人飽全家飽，能養活我和我的狗女兒就好。」就是這分自在充填了空間的溫暖，但它卻能散發獨有的韻味，那股風雅，來自主人的內在。

採訪側記，

還記得很多年前拜訪九駱大哥時，是他第一次接受採訪。起初他緊張地直冒汗，到後來敞開心胸愉快閒聊，接下來偶爾我會帶朋友一同去找九駱大哥玩，或是他偶爾會來我的咖啡廳坐坐，友誼就這麼存在了。

他的空間讓我很感動，我總會想，如果是我，能住在一個充斥壁癌的家中嗎？聽他說起屋頂坍塌時，更是為他捏了一把冷汗，唯獨他一派自在，但也就是這份自在，才能彌補空間的缺憾，實實在在的把缺點化為優點，壁癌在光影的投射下，倒是有幾分浪漫。

也是九駱大哥的空間，讓我更確信空間的美好來自主人的用心。這就像是事物的價值都來自個人看待，但最難的是改變自身看法，「瞭解」永遠離「做到」，還有很長一段距離。我想，這是因為九駱大哥的人生太過波折，從什麼都有，到一無所有，繞了一圈卻讓他做起了陶藝，還做出了好名聲；有趣的是，名利對他來說從來不是最重要的，現在的他，要是趁著好名氣請些工人幫忙，每燒一窯還能賺上不少錢，但他就是不樂意，總說錢夠用就好，也是這樣，才能燒得一手好陶藝吧！

陳九駱

年齡：60歲

職業：陶藝家

對空間的想法：住起來自在最重要

獨立設計監工，無畏零裝修經驗

大膽用色彩繪夢想小屋

要進立蘭的家，得先經過庭院內的紫藤、薄荷、繡球花、迷迭香，伴隨著花香草香，還沒入門就心曠神怡。踏進室內，洋溢活力的橘色壁面搭配舒適桌椅、沙發，有著日光的日子，懶在家中都覺得開心。

空間簡介

坪數：約四十坪（二層樓）
格局：客廳、餐廳、廚房、衛浴、兩間臥房、小庭院
空間特色：用色活潑大方、大量使用實木家具
使用建材：空心磚、油漆、木地板、陶磚

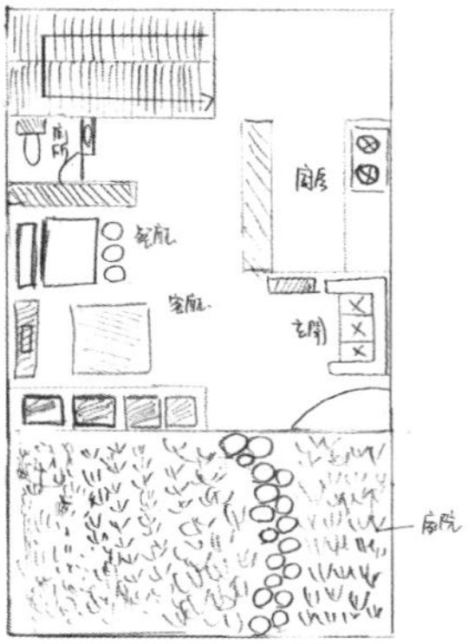

1F

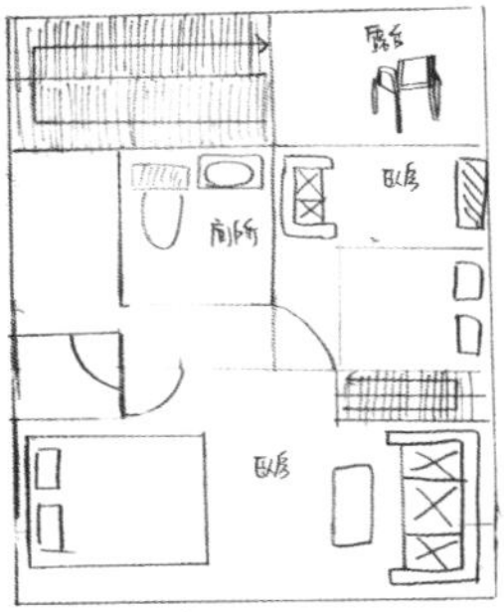

2F

我喜歡立蘭的家，遊走其中有種被擁抱的感覺。或許是因為倚著窗邊就能看見小庭院的花草綠意，坐在餐桌邊閒聊，映入眼簾的是柔和的橘色壁面，一切都是那樣輕快舒暢。

打掉隔間、學習放棄

誰想的到，這間兩層樓的小房子，都由立蘭獨立監工設計完成，「我從來沒有裝修經驗，為了省錢只好一切自己來。」就因為什麼都不懂，和木作、泥作、水電、油漆等各個師傅溝通前，還得先詢問他們施工需要注意的事項，然後再去思考自己到底要什麼。「因為一開始我好多想法都被師傅駁回，他們說我要的東西根本做不出來，一度挫敗到我都哭了，但房子還是得進行下去，所以我學著和師傅們溝通，也學習著放棄部分想法。」

漸漸的，立蘭和師傅熟稔，溝通也有了默契，後期房子在油漆時，立蘭還會下去幫忙。我們總是只看到房子完工後的美好，但造就美好的過程其實是辛苦的，工地現場灰塵瀰漫而且充斥施工道具和建材，施工期間噪音迭起，一切都是混亂的；最大的收穫就是完工後呈現的完整空間，立蘭想起那時的心情，只覺得大鬆一口氣，再也不用和髒亂為伍了。

在規劃空間的安排上，為了呈現寬廣通透，立蘭打掉一樓的隔間，客餐廳和廚房於是相連一氣。過去常跑印度、泰國採買的經歷，展現在立蘭家中，空間的配色到家具選擇，透露了明顯的南洋味，暖色橘壁面鋪陳了空間活力，靠庭院的窗邊，用空心磚堆高數疊放置榻榻米，上頭放置了數個抱枕，一側還擺著綠意盆栽，最適合閒閒無事的下午，泡杯茶，拿本書，就窩在這處享受悠閒。

1｜客廳內沒有擺放舒適的沙發，倒是在地板上擺了些坐墊和背墊，呈現著悠閒感。

2｜綠意盎然的小庭院，在立蘭精心呵護下，生長得欣欣向榮。

3｜玄關靠牆邊的位置，以異國風濃厚的掛飾、畫作妝點空間。

這佔據不到一坪的角落，其實身處在客廳內，只是立蘭以石子地板和客廳的木地板製造視覺區分。空間內唯一的沙發擺在玄關處，在客廳內若是不坐窗台，可以躺臥在鋪著軟墊的地板上，也很自在隨性。

日光綠意穿梭於濃厚色彩間

房子本身狹長，怕採光不佳，立蘭將樓梯設置在尾端，再將二樓天花板打掉重新改為玻璃，納入日光。樓梯邊就是餐廳和廚房，若是少了這道日光，勢必顯得陰暗不少，尤其餐廳內擺放的都是顏色厚重的原木桌椅和櫃體；但也就是因為都使用實木家具，坐在餐桌邊閒聊，觸摸著厚實的原木，不由自主地感受到溫暖。

喜歡畫畫的立蘭，也在家中恣意地畫了幾面壁畫，像是在一樓樓梯前的壁面，用油畫顏料直接塗畫了一幅藍天、山嵐、湖景和草地，「我想要把悠閒帶進家中，即使沒出遊，上下樓時看到這幅壁畫，就像置身大自然中。」想像力是奇妙的，尤其在某些事物上投射自我的想像，像是烙印上了印記，情緒難免有低落時，立蘭每次看到這幅壁畫，總會不經意聯想起這份期許，不見得因此紓解情緒，但至少寬慰不少。

踏著日光步上二樓，不同於一樓的木地板，樓上則換成了樸實陶磚，模樣溫厚，而樓梯上方有個驚喜處，可以看到一處小陽台，是由房間延伸出來的獨立角落，有時候空間內最迷人的都是角落風光，明明置身室內，卻有種身在室外的獨立感，立蘭在這擺了張實木躺椅，只要不是炎熱夏日，適合在此閒坐發呆或是看書都好。

1—靠庭院的窗邊，特地規劃了坐位，倚著窗就能看到蒼翠綠意。

2—廁所旁的壁面彩繪了花草，將大自然帶進這處角落。

3—樓梯的天花板是玻璃，迎進了日光，解決了屋子後方採光稍顯不足的缺點。

4—二樓樓梯轉角處漆以白色，靠牆隨手擺放花草盆栽，模樣素雅。

各有風情卻又相互呼應的房間

樓上臥房規劃了兩間，各有不同面貌。較小的一間約六坪大，鵝黃色壁面襯托著室內柔和氛圍，位處樓梯上方的小陽台正是由這處空間延伸出去，落地窗懸掛著深紅色花紋窗簾，由這望出去外頭，和從外頭看，又是另一番風景。床邊擺放著友人牧羊女手繪的潑墨燈飾，間適的散發昏黃光芒，添了不少韻味。

另一間房則是在視覺上精彩的挑高樓中樓。入門右手邊是King size尺寸雙人床，鋪著立蘭從印度或台灣購買的民俗風床具組，壁面顏色沿用一樓的橘色，白日陽光普照時，的確頗有置身南洋的悠閒氣

息。另一頭則像個小客廳，放置了沙發茶几，壁面延續橘色風采外，沙發背牆換成洋溢活力的綠，配色讓這處角落顯得活潑。

這間臥房的採光很好，日光灑落進室內，彷彿來到峇里島。

像是小閣樓般的樓上空間，在床頭背牆依然採用綠色，卻因為沉穩的黑色天花板，和未經粉飾的水泥牆面，讓此處多了分穩重氣息。南洋氣息濃厚的落地燈放置在牆邊，兩片窗簾則選用相異顏色但同樣是民俗風采的圖騰，小閣樓並沒有放置太多家具，只擺了一張床墊，僅靠壁面顏色和家飾妝點。空間內其實不需要太多物件，夠用就好，適當的擺放可以讓空間維持視覺上舒適。

立蘭的空間用色很豐富，每個空間都色彩亮麗。「應該是跟我喜好有關耶！我很喜歡顏色，紅色、橘色、綠色、黃色，反正只要看到東西有色彩，就會很開心。」很自然地，立蘭把顏色帶進了空間內。「有時候光是看著壁面，就覺得很滿意了。」

即使裝修完這個空間已經好幾年，立蘭還是覺得不可思議，因為她從來沒有想過能獨立完成一個家，而且是從整修到布置完工，全都一手包辦。「過程雖然是辛苦，但這整個空間就是我夢想中的樣子，讓我很滿足。」

從完成到現在，空間內許多擺飾都是慢慢增添，部份牆壁的顏色也更換過，「我也很想一完工，空間的擺飾就到位，但有時候就是沒遇到適合的，那麼我就願意等。」等待的過程或許漫長，但換個角度思考，空間愈變愈好，不也很好？

1—King size尺寸的大床，上方垂掛浪漫的紫色紗罩，是個舒適的休憩之處。

2—床鋪旁的低矮小櫃，一樣擺放了立蘭最愛的花草，自成一處風光。

3—閣樓的挑高天花板，拉長了視覺感受，民俗風濃厚的床罩、窗簾和掛飾，空間瀰漫著異國風情。

採訪側記，

台灣人大多不敢貿然使用太重的色澤，頂多當主牆的壁色，當然，空間無分好壞，有些人就是喜歡素雅的淺色。我只好奇，多少人其實喜歡瑰麗的壁面，卻怕配色不成功或和別人相比，空間顯得太突兀，那麼，我只想說，你的家是「你」的，就大膽用吧！

我也是個喜歡重色系的人，亮麗的色澤讓空間變得溫暖，我很喜歡立蘭的家，也是這個原因。大量的橘色、綠色，偶爾穿插的鵝黃，還有她自己手繪的壁畫，在在豐富了空間的視覺。

我還喜歡看到空間內展露主人的過往，像是無語地陳述一段故事。立蘭因為過去常到印度或泰國採購服飾，被當地活潑悠閒的空間裝飾所吸引，不知不覺被潛移默化，自然喜歡上那樣的感覺，當家裡要裝修時，當然會把那些氣息帶進家中。過去的經歷影響了現在，每個空間都是一個故事，我喜歡空間是有故事性的，就像立蘭的家，聽她說起裝修過程的辛苦，或是講起每件家具、擺飾的由來，指著庭院內的花草，興奮的和我說：「妳看，紫藤很美吧！前陣子開得更好更美，你早一個禮拜來就會看到。」

這個家，承載了立蘭的過去、現在和未來，只是一個人稍嫌大了些，於是她希望分享給更多人，所以立蘭沒有刻意，但也將家裡開放成民宿空間，有人來住宿就當交朋友，平常沒有人的時候，就獨享空間。沒有想要靠這賺進錢，她說：「日子過得開心就好。」

立蘭

年齡：39歲

職業：「塔卡的家」民宿主人

對空間的想法：漂亮的布飾、簡單的原木家具、有生命的植栽和良好的光線，就能變化為漂亮的空間。自然、簡單就很棒！

設計單品堆砌視覺，玩具公仔滿足趣味

推手是一顆經典馬桶

我們都渴望一個夢想居家，小趙哥的家，醞釀了十年，存夠了錢，也覺得想法夠成熟了，才將房子重新施工。生活感居家，需要花費很多年的時光，緩慢地一點一滴累積想法，再呈現於空間中，就像這個家一樣。

空間簡介

坪數：約三十坪
空間特色：充斥設計單品和玩具公仔，很有主人特色
使用建材：LG人造石、美立方、epoxy地板

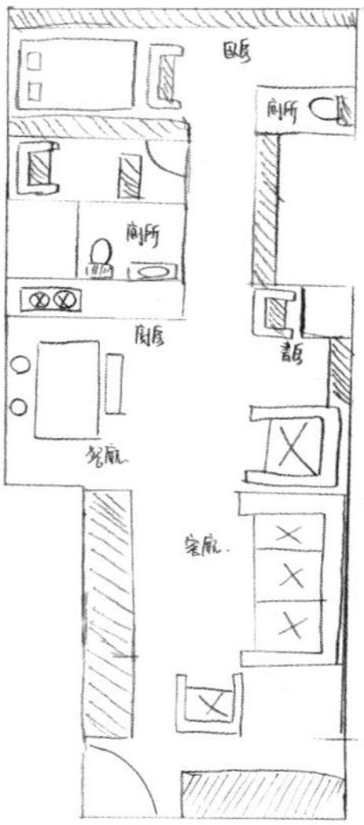

NIKE

CON
VER
SE

「你是否會旅行很多國家，找尋適合自己的國度？你是否會踏遍各地，找尋能讓自己安身立命的地方？其實不需要如此大費周章，只要是能讓自己感到安穩的地方，就是最適合自己的地方。」尼采曾經說過的這樣一句話，套用在小趙哥身上，可以解釋為「家」就是他的安居之所。

從興趣到創業，醞釀十年的家

「這個空間，我已經醞釀十年了。」但起因居然是因為一顆馬桶，「有次逛街，我看到一個好漂亮的馬桶，從來沒想過馬桶可以這麼美，但要價居然要十幾萬元。」原來這顆馬桶是法國設計鬼才菲利普．史塔克的設計，聽說員工價可以打八折，小趙哥為了折扣於是進了衛浴公司當業務，也真的買了這顆馬桶，「這個家買的第一件家飾，就是這個。而且買來後我就放在倉庫裡，直到去年家裡整修，才拿出來用。」

很多事都是因緣際會，在衛浴廠商擔任業務快五年的時間裡，小趙哥接觸到愈來愈多家居相關的東西，開始對建築、室內設計、家具產生興趣進而研究收藏。對衛浴有了一定瞭解後，小趙哥改為研究廚具，「當我知道平日熟悉的家具或家居設備其實可以很美麗，我就很想知道到底它們可以多好看？」進入廚具廠商工作一段時間後，小趙哥自行創業，開始經營「快樂廚具」。

前年決定重新裝修居家空間後，多年來認識的許多工班師傅和設計師等好友都成了最大助力。像是設計總監Matt等朋友，都是經驗豐富的諮詢對象。「我渴望家的模樣已經存在腦海中有十年了，有些狀況得跟現實稍作妥協，而這些好友都熱心提供了我許多建議，讓我家的完成度大概有九成。」

1 | 2 | 3

1─Eames的LOUNGE CHAIR，素以好坐且符合人體工學著稱，小趙哥獨自在家也最愛窩在這張躺椅上看電視，度過難得的悠閒時光。

2─包裝廚具廢棄的保麗龍原來可以這樣利用，放塊用剩的磁磚，加上一些裝飾，也是挺有風采的角落。

3─層架上擺滿了電影DVD、漫畫和玩具，密密麻麻的擺飾壯大空間的童趣氛圍。

每天用到的東西要夠好看

小趙哥的家設計簡約，但細看家中的配件，都是高級品，「門把或電燈開關面板，雖然都是小東西，但就是有人把它們設計的很好看。」說實話，一顆門把或是一個電燈開關面板要價數千元，都不算便宜「這些都是非常熟悉而且不可或缺的日常用品，我買的雖然不便宜，卻是每天會使用到的東西，你會摸到看到，一起生活著，這樣說起來，又顯得很划算。」

接觸家居產業久了，小趙哥發現組成一個家的元素，從裝修施工、家具擺飾到配件，都是一分錢一分貨。像是家中的廚具，即便他本身就是廠商，仍然要價二十多萬元。「廚房的檯面，客廳外推的平台，都是用LG人造石檯面，至於廚具面板，則是用質感較好的美立方。」打開小趙哥家裡的廚櫃，發現美立方材質的面板，採取同色同表面的處理，包括邊條都是一體成型，視覺上具一致性。

有趣的是客廳內擺放了一組木作椅，都沒有椅腳，有的墊著保麗龍板，或是廢棄木料，將就的堆高起來。原來這組椅子是小趙哥自己繪製再請木工師傅製作，不過途中師傅因為有事無法完成，小趙哥臨時也找不到師傅幫忙，一耽擱就到了現在，尷尬的放在空間裡。除了椅腳未完工，想添加在上頭的椅墊也還沒做，「我家還有很多像這樣未完工的部份，像外推陽台也還沒有裝窗簾。」所幸家裡也就一個人住，很多地方將就著也就過去了，總有一天一切都會到位。

1—就連家中的電燈開關面板，都是精挑細選。不過在上頭黏貼了逗趣的貼紙，倒是很有意思。

2—七千多元的大門門把，模樣厚實可愛，雖然是日常小物，但很難不被人注意到。

3—通往臥房的走道，用紅磚牆堆砌出空間的溫暖。

CHC
CHC
CHC

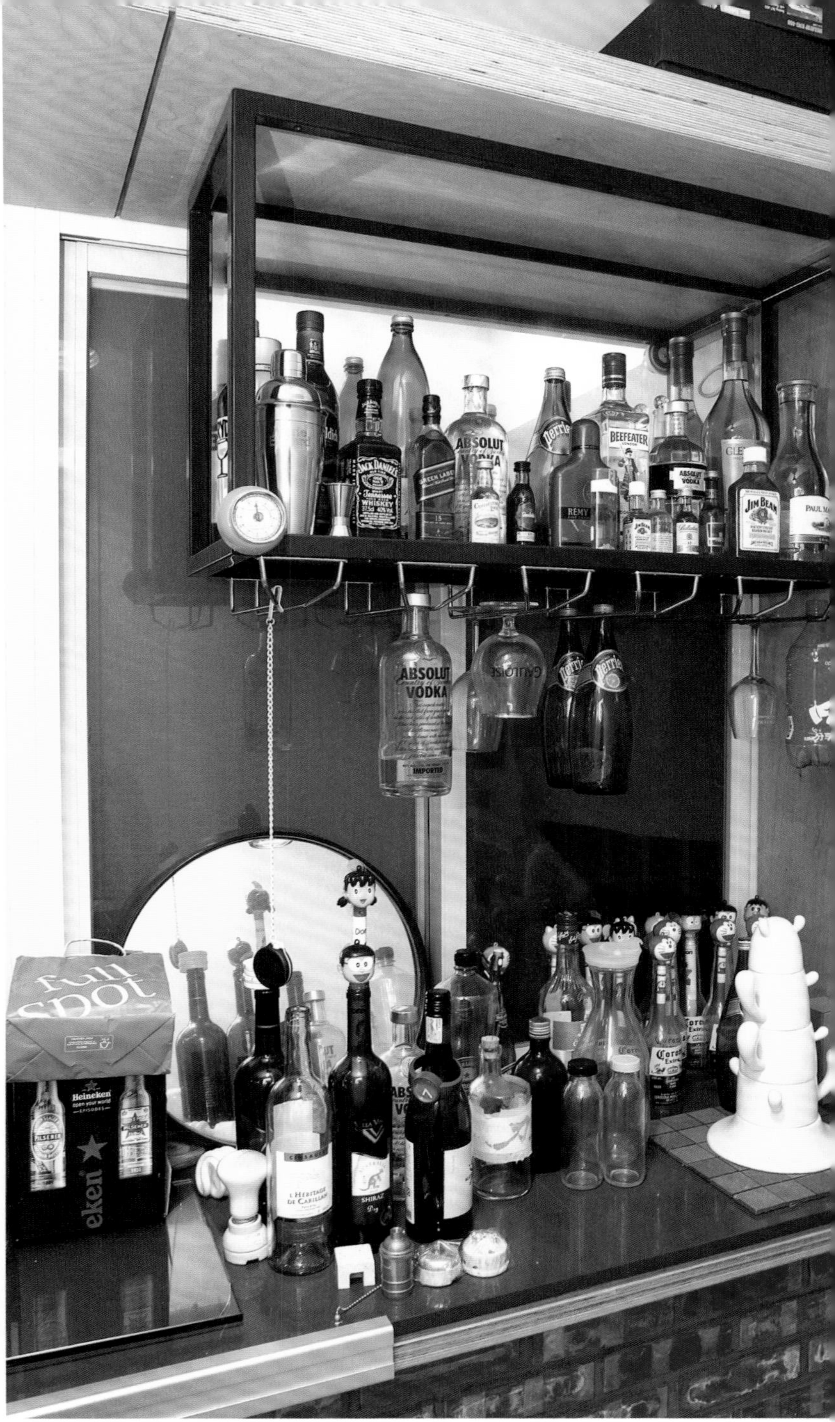
ABSOLUT VODKA
JACK DANIEL'S
BEEFEATER
JIM BEAM
REMY
ABSOLUT VODKA
full spot
Heineken

童心玩具圍繞設計師躺椅

客廳有張Eames的經典躺椅LOUNGE CHAIR，相較於複製版，原廠生產的椅子坐起來柔軟有彈性，難怪要價二十多萬元。「以前對椅子的印象就是那只是一張椅子，後來發現好多設計師的作品，把椅子設計得很有美感，坐著都覺得好像是種享受。」於是小趙哥收集了一張節錄各式經典椅照片的海報，就放在客廳的木作椅上方。

客廳內還擺放了許許多多的玩具、公仔。有些從童年時期就收集起，像是晚一輩的孩子可能沒聽過的無敵鐵金剛，到近幾年的鋼鐵人模型，甚至麥當勞、7-ELEVEn曾推出的流線型玻璃杯、小叮噹公仔，小趙哥也都耐心努力地收集著。「為了收集貼紙換取公仔，最高記錄一口氣買十杯拿鐵。」收集到現在，玩具、公仔多到快擺不下了，成了一入門最先映入眼簾的擺飾，但小趙哥一直想把大部分都收起來，「我是喜歡空間空空的感覺，但我很矛盾，喜歡空卻又愛買。」

通往臥房的走道，相較於客廳的潔白俐落，壁面選用了紅磚帶進視覺溫暖，「我一直很喜歡紅磚，本來也想用在客廳，但又怕顏色太重，所以只用在這條走道。」以前曾經營過夜店的他，在走道邊弄了個小吧台，各式各樣的酒類排排站好，隨時都能為自己特調一杯調酒，最適合深夜小酌，別有一番風味。

家居生活，其實是平凡的。最籠統的說法，家不過就是個睡覺的地方，大多數時間，人們還是身處在外工作應酬；但平凡，有時候最是心頭上的一份感動，一點一滴打造的家居空間，無論好壞美醜，總是自己的傑作。小趙哥的家，醞釀了十年的念頭，呈現在眼前的一桌一椅早已存在腦海中，只是幻化為現實，「雖然空間內還有很多未完成，但已經讓我感到很滿足。」

1—走道角落邊的小吧台，放置了各式調酒所需的酒類。

2—臥房內以多色油漆粉刷線條，成了床頭造型牆，天花板的燈飾和床鋪旁的壁燈都是經典名燈，要價上萬元。

3—故意留下紅磚牆邊條的刻印，不再粉飾，只因為喜歡那股樸拙感。

採訪側記，

當聽到小趙哥因為一顆菲利普・史塔克的馬桶，開始對家居設計有了興趣，讓我想起國小的課文「一朵小花」的故事。文中的主角本來不修邊幅，家裡凌亂，但因為朋友送了他一朵很漂亮的花，於是特別洗淨一只花瓶插放這朵小花，但放在桌上後，卻發現桌子太亂，配不上小花，進而整理了桌面，最後整理了全部的空間，家裡變得乾淨整齊。

我原來對家居設計的概念也很薄弱，因緣際會當了家居線記者，才開始對這些東西有了很濃厚的興趣，我能懂小趙哥看到馬桶時的驚訝，自己也是因為一只曲線優雅的牙刷而訝異這些再熟悉不過的日常小物，居然也可以這樣好看。

我跟小趙哥，應該都像「一朵小花」的故事一樣，從一件物品進而到只要跟「家」有關的事物，都很是喜愛，大至家具小至杯子，都有獨特的美。其實家裡本來就需要這些東西，或許我們都沒有小趙哥的財力，但我們可以貨比三家，用一樣甚或更便宜的價錢購買更加好看的東西。不要小看這些小物的累積，一張單椅、一盞立燈、一套杯具、甚至一個抱枕，小物堆疊了空間美感，無形中你已經形塑了家的美好模樣，最棒的是，你沒有特別多花什麼錢，只是多了份心思挑選。

小趙哥

年齡：48歲

職業：「快樂廚具」負責人

對空間的想法：沒有想太多，只是把自己想要的做出來而已。

漆白木地板，捕捉光陰痕跡

量身訂做的三姐妹好日子

蔣動說過：「房子並不是家，他是一個硬體，必須要關心、經營、布置過，才叫一個家。有些人只有房子，並沒有家。」一句話講活了家的定義，也說出了太多人不重視家居空間。身為室內設計師，昭樺一直宣導著這觀念，她可以為你設計空間，但家的味道，得靠自己，如同她的家，沒有昂貴家具，點滴都是她的心思。

空間簡介

坪數：約三十坪

空間特色：家飾堆疊空間溫馨美好

使用建材：木材、馬賽克磚、布品

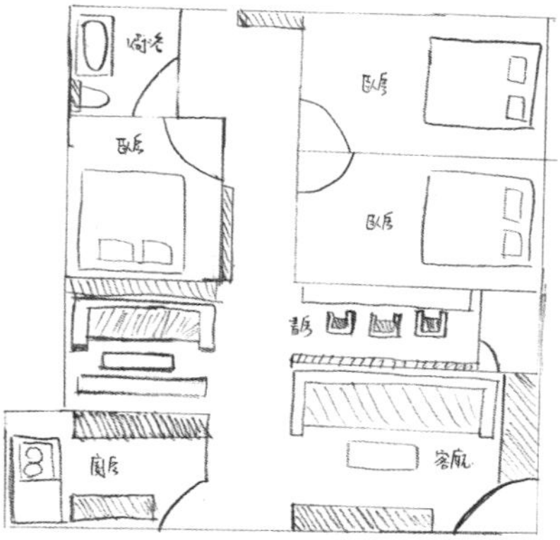

DESIGN

說不上來原因，但我就是特別喜愛昭樺家。自從在報社當記者時曾經採訪過她家，日後每當需要採訪特色居家時，總會不自覺想到昭樺，也就這麼勞煩她一次次為了我的工作而大整頓家裡。

我想是因為喜歡她的家很有自我風采，不去管別人如何定義，她只在意如何在這裡生活得舒適自在，當然，即便身為室內設計師，昭樺裝修自己和姊妹共買的房子時，還是面臨現實的經濟壓力，並非所有人都有能力一口氣拿出充足預算裝潢，只能精打細算地把錢花在刀口上，盡力鋪陳出空間風采。

個性又實用的木製百頁扇

一入門，已經有些斑駁的白色木地板，就是昭樺大膽的構思。「很多人不敢把地板弄成白的，何況是木地板漆白，感覺會很容易髒，所以大多選擇深色或原木色。但我覺得東西本來就是會弄舊，為什麼要為了擔心而去忽略內心的渴望？」只是當初預算有限，無法選用實木地板，只能用夾板切割成大塊直條狀再加以上色，拼接出地板面容。本來就喜歡舊物的昭樺，一直等待著白色木地板隨著時間磨損而變得斑駁的模樣，如今搬進來已有八九年，地板已經不似完工時嶄新，多了分歲月痕跡，「我很喜歡現在的地板舊舊的樣子，那是一種使用過的痕跡，讓空間更溫暖。」

靠窗邊的百頁扇也是昭樺喜愛的個性家飾。「木頭百頁扇其實做工繁複，不過比起一般窗戶有趣許多，可以遮光，模樣典雅，重點是還能遮蔽視野，不會看到對面房舍。」這是居住都市的悲哀，當夜幕低垂，再寬廣的巷弄都不夠寬廣到看不見對面人家，那像是彼此不得不窺視到的無奈，有了這面百頁扇窗戶，至少能得到拯救。

1—沙發背後被規劃為書房區，有時候三姊妹各據一方，各做各的事。

2—書桌邊的草綠色窗簾，為厚重的實木桌椅帶來一股清新。

3—優雅的木頭百頁扇，阻隔了日光和對面鄰居的視野。

昭樺的家有股自在味，來到這裡的人，都很融入空間內，或坐或臥，可能跟她擺放了許多沙發和躺椅有關，讓人不自覺地窩在沙發上頭慵懶。雖然還未購屋前，昭樺就已經買了不少家具當收藏，當自己的空間需要使用時，還是不一定找得到合適的尺寸和樣式，為了客廳裡頭的沙發，昭樺尋覓許久，卻總是沒有中意，只好自行設計，再請工廠依據尺寸訂製。「這張沙發後來引起很多朋友詢問，大家都想訂購，甚至紛紛勸我可以兼賣自己設計的家具。我不是不想，只是太麻煩了，現階段還不適合。」

規劃多處小角落，客廳即工作室

沙發旁的白色搖椅是路邊撿回來的老家具。「這是我無意間在馬路邊看到的，椅腳已經有些損壞，可能原本的主人懶得找人來修，就直接丟棄。」昭樺搬回家後，特地請了木工師父進行修復，上白漆後再用砂紙特意磨舊，擺在客廳內意外協調。

既然是和兩個妹妹同住，空間配置上還是得顧慮到她們的想法，所幸妹妹們只要滿足了需求，空間的部份就交給昭樺全權處理。「我們三人都是重度電腦使用者，工作內容都得使用筆電。」當夜間大家都回到這處小屋時，最常看到的景象就是三姊妹抱著電腦，各自窩在客廳某個角落。因此昭樺在客廳安排了數個小角落，像是落地窗旁的空間，擺放了兩三張木桌和椅子，就成了小書房景象的工作檯面；廚房旁凹進去的角落，也擺放了沙發和桌子，角落邊放置著昭樺收藏的老燈和擺飾，窩在這處小角落使用電腦也很舒適。

1—昭樺最愛的小角落，窩在這裡自成一區，頗有獨立感。

2—昭樺喜歡收集老物，家中隨處可見各式小東西，都是有些年紀了。

3—路邊撿來的搖椅，早已擺脫廢棄時的邋遢樣，安穩存在空間內。

雖然昭樺愛下廚，但要用上品質好的廚具花費太高，加上三十坪大的老房子規劃了三房後，分配給其餘的空間坪數有限，所以廚房的部份只能簡單，但昭樺還是弄了個小吧台，和客廳相連，上頭擺了個美麗老櫥櫃，放置了各式杯具，在光影照射下頗有異國風情。

捨棄房間坪數留給泡澡空間

通往房間的走道，延續客廳的白色木地板，牆壁也一片白，倒是有一整面的書櫃帶進溫暖和書卷味，在尾端的壁面嵌了燈，打亮昭樺自行繪製的圓形壁畫，讓白色走道不致於顯得冷清。而昭樺家的浴室，肯定羨煞人！藍色馬賽克磚鋪滿地面、壁面，製成了一座浪漫浴缸，很少人願意重金打造浴室空間，但昭樺想不出如果有能力弄一個浴缸在家裡泡澡，為何要捨棄的理由？「當時我和妹妹們都寧願捨棄部分的房間坪數，也要一個可以泡澡的浴室。」尤其在寒冷的冬日，泡在溫熱水池內，光只是想像都覺得美好，在生活中，有時候就是需要這樣的美好時光，支持著自己繼續無畏走下去。

即便我們花在外頭的時間是那樣的多，為什麼家居生活還是很重要？就像是日劇大和拜金女，外表光鮮亮麗，回到簡陋的家卻只能吃著泡麵，那豈不空虛。回家，是放鬆的代名詞，是每天必做的動詞，昭樺日子再忙，打掃家中，擦擦這張桌子，抹抹那張椅子，看著這個空間一點一點的被打造出來，那股踏實感，在外頭是無法獲得的，因為那打從心底來的。

1─廚房拉門拉起來後，搭著擺放一旁的櫃體，頗有古典味。

2─浴室裡的洗手臺，鏡面旁的裝飾也是昭樺的手繪，銀色線條搭上藍色壁面，模樣典雅。

3─擁有藍色磁磚的浴室，擁有讓人羨慕的美麗浴缸。

採訪側記，

我採訪過有些屋主，從八年前採訪到現在，客廳永遠少一張茶几。那主人總是說：「還是沒遇到喜歡的。」沒有喜歡的家具，那就先讓它空著，看電視時需要放茶杯或是碗盤，可以找張小凳子或是放在地上，多一點耐心去等待，或許像愛情一般，時候對了，適合的家具就會出現。

最可怕的是為了趕快完成一個家的模樣，倉促買齊了家具，實用性或許很高，空間卻少了美感，因為購買的時候，只急著想要卻忘了思考適不適合的問題。昭樺說過「找不到合適的家具，要嘛自己設計，要嘛就讓它空著。」許多人都希望空間裝修完後，家具也都到齊了，但我始終不懂，急什麼呢？家是長期的居所，就算未來有所變動，你總是會住上個幾年。為了填補那個缺，去買了不適合的家具，就像穿上不合身的衣服，總是多了分勉強。

昭樺的家，就因為都沒有倉促購買的家具，慢慢累積起來美感，所以空間多了主人的用心，格外溫暖舒適。

昭樺

年齡：39歲

職業：室內設計師

對空間的想法：很多人喜歡我的空間和美感，想複製它。我的美感可以被複製，因為它已經成形，但你自己的美感呢？

最愛時間感家具、獨特櫃體

生活點滴成了最佳裝飾

「空間不一定要做滿，可以多一些自己的記憶。」史妹不做不必要的裝修，寧願把空間留給生活，那些旅遊、熬夜工作、朋友歡聚時累積的照片、小物。細細看著她的家，看著她的收藏、家具、擺飾，空間蘊含著主人風采，溫暖又美好。

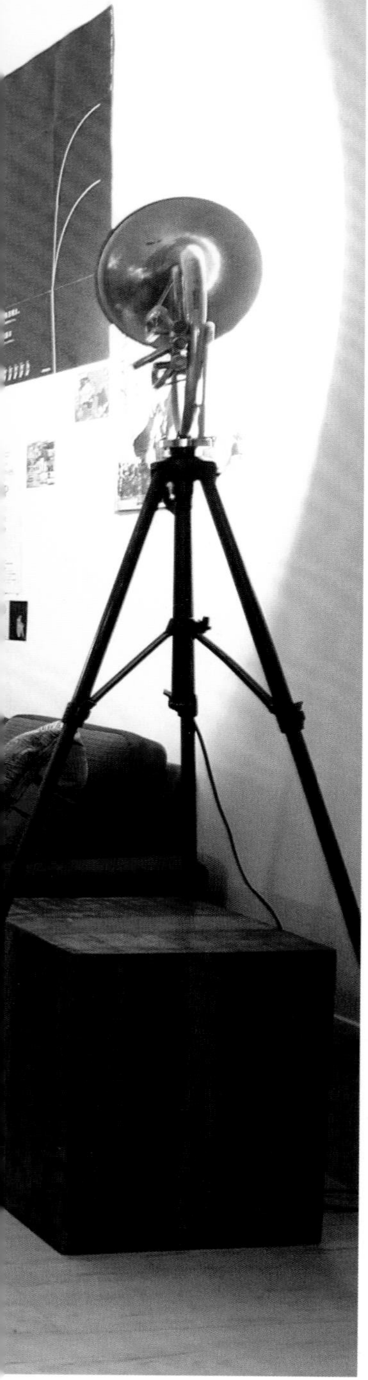

空間簡介

坪數：約三十五坪
空間特色：以自身生活感營造空間
使用建材：超耐磨地板、黑板漆、木棧板

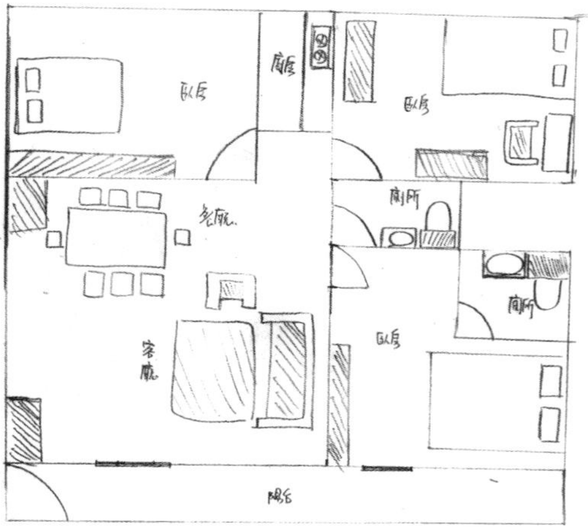

沙發、擺放一旁的皮製單椅，都是老家具，歷經二十多年時光洗鍊，維持狀況依然良好，雖非名家設計，但簡練線條加上模樣古典，和現代家具的質感截然不同，空間多了分溫暖。有趣的是沙發旁的立燈，是請製燈闆名的火金姑老闆利用舊喇叭結合腳架，製成獨一無二的復古燈飾，打出來的光源照映在壁面，正好形成一個半圓。光影在空間內是個重要角色，能增添視覺層次，就像這盞燈飾吐露的半圓，成了壁面風景。

因為把家裡多出來的房間分租出去給兩位室友，大家最常待著的不是自己房間，反倒是餐廳裡的大木桌。其實這張桌子原本是片門板，還沒找到合適腳

架，於是先用工作架架著兩邊，直接把門板放上去，並未固定。於是，三個人每每窩在自己的一角做事或看書時，只要一不小心推到桌子就會移動桌面，得趕緊再挪回來。「不確定未來還會不會搬家，如果桌子固定住，因為桌面很寬，未來會很難搬動。加上我還沒確定要用什麼材質或形式的腳架，於是就先這樣用了。」

2	1

1｜老沙發上頭隨意擺放多個抱枕，光是看都覺得窩在上頭懶散是種享受。

2｜舊門板拿來當桌面，保留上頭的油漆原色，古樸好看。

LOVE

Steh-Plat

Die Reine Ihres Autos

堅持自我風格才是長久之計

主張空間應該呈現自己的生活感，史妹認為許多人一味追逐流行，每隔幾年流行一批室內設計風格，就會看到那個時期的空間都是同一種風格。「那是一件可怕的事情，就像是服裝流行一般，明年可能又流行別的風格。但衣服可以換掉重買，空間卻是一做就固定了。」所以空間應該要有人味，最好的方式就是呈現自己。「我喜歡把收藏或別人送我的禮物放在空間裡，因為那都是一份回憶。」於是大學教授送給她一個用金屬線條製成的「LOVE」，就擺在室友書桌上，看展覽或是逛街收集到的海報、酷卡，黏貼在沙發背牆或餐廳旁的壁面上，旅行時或平日購買的小東西也隨意的放在木架、層架上，空間內充斥著史妹的生活記錄。

喜愛找三兩好友到家中吃飯，飯後最好再來品嚐一下紅酒，偶爾的飲酒作樂是生活中的小幸福，於是客廳內有個老櫃子，上頭擺滿各式玻璃酒杯。「我有個想法還沒實現，就是想把朋友來玩時，喝完的空酒瓶都收集起來，或許可以串成一條，變成燈飾，一定很有意思。」說到燈飾，空間內除了靠牆的軌道式投射燈是規格化商品，客廳以及餐廳的燈飾都來自史妹的創意，客廳上垂掛著高高低低的小燈泡，打著微弱光源，是她以數條燈泡自行釘掛而成；餐廳上方以倒T型金屬架釘製在天花板上，再用透明水管穿進電線，組裝燈泡，成了有趣的燈飾。

「能這樣恣意玩弄的空間不多，大概也只有自己家了。所以能玩點不一樣的東西，我都很想試試看。」玩出這樣一個舒適的空間，對很多人來說已經很棒，但對史妹來說，這個家，完成度只有七成而已。「但我不急，願意耐心等待適合的家具或擺飾出現，因為我不想勉強。」

1—略帶工業風的書桌椅，個人風采很強烈。

2—床鋪旁隨意擺放了小凳子和小物，散落一地卻又不顯凌亂，有種慵懶的感覺。

3—老木箱有種收納陳舊往事的氛圍，所以史妹很喜歡收集老木箱，其中一個擺在自己房間當邊櫃，模樣懷舊。

4—愛喝紅酒，已成一種生活態度和習慣，於是用了一個有趣的老櫃子專門擺放空酒瓶和酒杯。

採訪側記，

或許跟史妹念室內設計有關，加上她從小就對空間有興趣，很早就在涉獵設計這一塊。史妹雖然才27歲，對空間的想法卻很有主張，而且思考細膩。像這個房子是老公寓，所以格局是狹長型，前半段採光不佳，於是客餐廳以及她自己的房間，都用淺色系增加明亮感，但後半部採光較好，於是兩個室友的房間顏色較重，其中一間甚至是黑色壁面搭上原木拼接的裝飾牆面。

說到對空間的想法，史妹的很多觀點我都很認同，與其裝修得過度，讓空間變得擁擠，倒不如還原空間面容，再用家具家飾呈現。只是，要買到對味的家具得要有些耐心，大多數人都很心急，希望一住進去一切都已經完整，但我跟史妹一樣，我們剛搬進新家的前半年，都是家具少少。我還記得我剛搬家時，家中只有一張沙發、兩張椅子，和一張床，就沒有其他家具了；茶几、凳子、燈具都是花了將近兩年時間慢慢購買，但等待是有意義的，你會找到真正喜歡的家具，就像史妹家一樣，雖然她認為空間還很不完整，但至少每一件物品都是她真心喜愛。

史妹

年齡：27歲

職業：室內設計師

對空間的想法：家應該要有自己的味道

帶點頹廢氣息的女人窩

家裡，我就是老大

曾租屋超過二十年，喜歡逛家飾店的小豬，買著買著，也買成了一個家。還好搬離台北，到了台中反而錢存得下來，加上房價相對較低，總算買了間有露台、三十坪大的房子；跟隨她多年的家具有了歸屬，夢想中的洗石子浴室、有著大木桌的開放廚房，也得以實現。她說：「有個家，真好。」

空間簡介

坪數：約三十坪
空間特色：帶些頹廢感的自在空間
使用建材：洗石子、刷黑木地板、鐵板、油漆

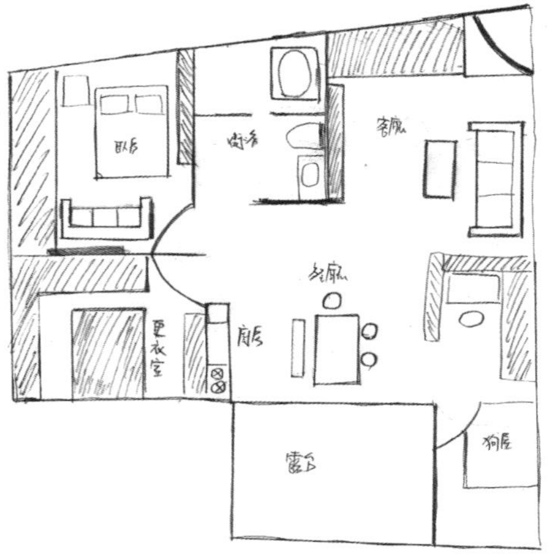

LIVE WELL
LAUGH
OFTEN

TEXAS

「終於不用再搬家了。」小豬坐在厚實的實木餐桌邊，笑笑的說著。那笑容中透著一股安心，不需要再流離顛沛，因為住著的是自己買的房子。小豬是我的前同事，還記得以前一起共事時，只要採訪到家飾店，採訪結束時就看我們各自提了一包東西回家，有次我們各帶了一盞燈飾回家，她所買的黑底白花桌燈，正端放在如今房子的一角；但跟小豬比起來，我還是沒有她對家飾的熱忱，在她還沒買房子之前，已經毫不客氣買了一整個家的家具。

五年多前，她外調到台中當駐地攝影，租了三十坪大的房子，用原有家具不費吹灰之力地布置出一個完整的居家面貌；兩年前她終於買了屬於自己的房子後，再用相同的家具一樣快速地整理出一個舒適空間。最大不同在於她終於不用被設限在租屋不可釘掛、破壞牆面的規定中，花了約七十萬元的裝修費，大刀闊斧把多年來拍攝居家空間時的所見所得運用在家中。

最解放的無拉門浴室

個子嬌小的小豬，客廳的電視櫃、房間的壁面卻選用會生鏽的生鐵材質當建材，天花板為了營造頹廢感，也請油漆師傅批土時不要依照平常鋪得平整光滑的習慣，而要批出亂亂的紋路再上色。「我其實喜歡有點頹廢的感覺，尤其家應該要很放鬆，會生鏽的鐵件照顧起來沒有想像中困難，不要理它就好。」因為是一個人住三十坪大的房子，「我是這個家的老大。」小豬認為一年三百六十五天裡頭，家中會有訪客的日子其實沒幾天，何必為了迎合客人而放棄自己的喜好。

1—小豬家的衛浴，大概是我看過最大膽的，完全沒有遮蔽。

2—玄關處堆疊著多年來的收藏，一入門就能見到空間主人的溫暖。

3—會被叫小豬，就是因為她獨鍾「豬」，所以在家中隨處可以看到豬擺飾的蹤影。

於是，小豬大膽的擁有了一個開放式浴室，僅用玻璃磚隔了半面牆，半遮掩的浴室位在廚房旁，完全沒有拉門的大方展放在空間中，「因為我在家裡會喝很多水，就會一直想上廁所，這樣沒有阻礙的感覺真的很棒！」只是一旦家中有訪客，小豬就會請需要使用廁所的人喊個聲，大家就會識趣地不靠近，若是遇到特別害羞的訪客，只能說遺憾了。對於衛浴空間，就算不常使用，女人總希望能有個大浴缸可以泡澡，尤其是偶爾心情低潮或工作勞累時，如果能泡個澡，像是把抑鬱都泡沉了，身心得到解放。

小豬喜歡且享受泡澡的過程，新家裝修時，她說無論如何都得弄個浴缸在家裡。她捨棄了直接購買瓷質浴缸，改用泥作加上洗石子的古樸手法，為自己打造了一個寬闊舒適的泡澡環境。洗石子一路延伸了整間浴室，雖然採乾濕分離，馬桶和洗手檯的部分也是用了相同建材，保持視覺的一致性。既然是自己一個人住，小豬不吝惜對自己好，裝了溫熱的免治馬桶，「真的要學會對自己好一點，家裡住起來舒服，心情也比較容易開心。」

如願擁有開放式廚房與厚實木桌

以前如果採訪對象家中是開放式廚房，還有個木桌當餐桌，總讓我跟小豬很羨慕。而如今，小豬如願擁有了開放式廚房，買來厚實的大木桌當餐桌兼工作桌；平日在家，她最愛窩在木桌邊上網打電腦，喝個茶、吃個點心，這樣的時光是愜意的，暫時可以懶散的無所事事。我們都需要這樣一個放空時光暫時拋下煩惱，都需要一個角落，可以恣意放鬆，對小豬來說，這裡就是那個小角落。

1—木桌的溫暖觸感永遠教人著迷，小豬的閒暇時光，就是和這片木桌相伴。

2—廚房永遠是家中不可或缺的要件，至少對小豬來說是這樣的。

I 我
CATS
猫 猫
Hug Your Soul
財訊
HITACHI

很多事可做，捨不得入睡

小豬還有面大概會讓許多女人忌妒又羨慕的鞋櫃，一入門右手邊的櫃體不拉開還好，一打開，就看到由天花板到地面，擺滿了一雙又一雙高跟鞋、平底鞋、娃娃鞋、靴子，左右兩面拉門加起來少說有上百雙的鞋子，「這不是女人的夢想嗎？我一直好想要這樣一個櫃子可以裝我的鞋子。」

「我就好喜歡把家布置的很溫馨，窩在家裡時就會覺得好享受。像休假的時候，因為不用上班，我一個人東摸西摸，可以一整晚不睡覺，因為捨不得睡。」事實上，在我去採訪她的前一天，小豬就是拖磨著直到凌晨四、五點才入眠，問她到底在做些什麼，她說她也不知道，上上網，看個影集，跟小貓玩一下，跟小狗玩一下，整理一下衣服或鞋子，反正很多事情可以做。但我完全可以理解，待在一手打造出來的空間裡，心中的滿足感是無限的，從任何一個角度看自己家，都有種莫名感動，可以用一句話形容「金窩、銀窩、都比不上自己的狗窩」，何況小豬把自己的家，打造得這樣舒適。

1—大多數女人都夢想的鞋櫃，擺著上百雙鞋子，相當壯觀。

2—把家裡採光最好的位置留給臥房，每天在日光中清醒是種幸福。

3—多年前和小豬一起採訪時，一同帶回的檯燈，看到這盞檯燈，想起好多回憶。

4—養了貓之後，開始喜歡跟貓有關的事物，這款貓圖騰壁紙，模樣俏皮的點綴在空間內。

I love Paris
DITA
Prime

採訪側記，

跟小豬認識很久了，只是她搬到台中後，就比較少見面，連她家裝潢好了，我也只能先從臉書上的動態略窺一二。但當時看到她家廚房和浴室的照片後，很受吸引，大木桌上垂掛著昏弱的光源，光是想像灑落陽光的下午，或是微涼的傍晚，坐在厚實的木桌邊看書打電腦，像置身咖啡廳一樣享受；還有，我最飲恨的就是沒有在家中安置浴缸，所以看到她的浴室，也是讓我很忌妒。

這次終於來到小豬的家，當看到她的空間，我感到驚訝的不只是廚房和衛浴，還有她家中的家具，大多數在她之前租住的房子內都見過，只是擺放位置更迭了，空間的主體也變了樣，整個空間卻看起來大不一樣，當然，倘若細看還是能記得哪些家具曾經見過。只是這讓我更明瞭，雖然小豬不是專跑家具線的攝影記者，但她對家居的重視度卻有著熱情，其實空間內累積了二十多年的東西，真的不少，她卻能有條不紊地整理的乾淨整齊，花在家中打掃整潔的時間一定不少。這點讓我覺得很感動，也難怪待在小豬的空間內，我有種安心的感覺。

尤其是看到她為了六隻愛狗，特地在露台搭起玻璃屋，蓋了間專屬於他們的狗屋，甚至還擺了一台電暖器在裡頭，這樣一個愛著自己的家，愛著自己的貓狗的女人，真的讓人很感動。

陳小豬

年齡：秘密

職業：攝影師

對空間的想法：喜歡慵懶隨性的空間，可以讓我感覺很自在放鬆。

拾荒當喜好，路上尋找老家具

重新賦予老家具新靈魂

Goran對老家具有份堅持，許多人遇到家具壞了，可能就束手無策，但他會想盡辦法，透過修復或改造，讓老家具重獲新生。「我喜歡能待在空間內的一切事物，特別喜歡老家具，就像是渴望他們跟我傾訴每個歲月的點滴。」

空間簡介

坪數：約三十坪

空間特色：老物環繞，空間充滿懷舊味

使用建材：水泥、磨石子

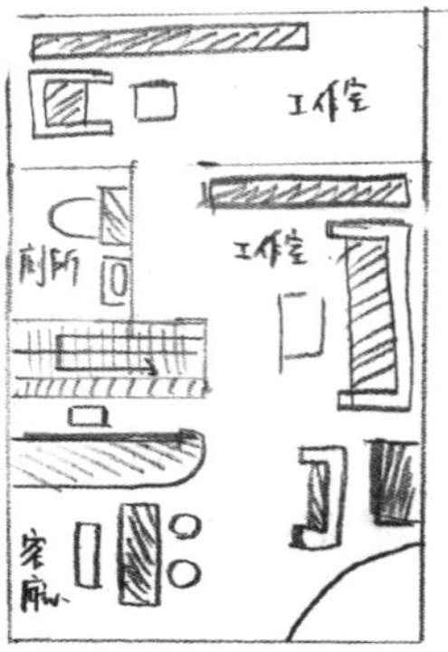

1F

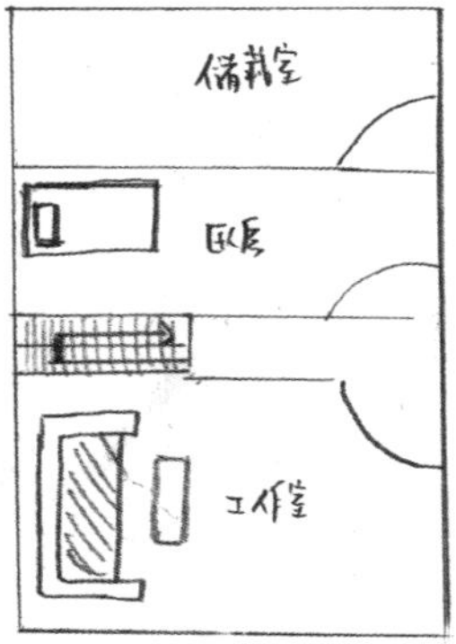

2F

臺灣地區

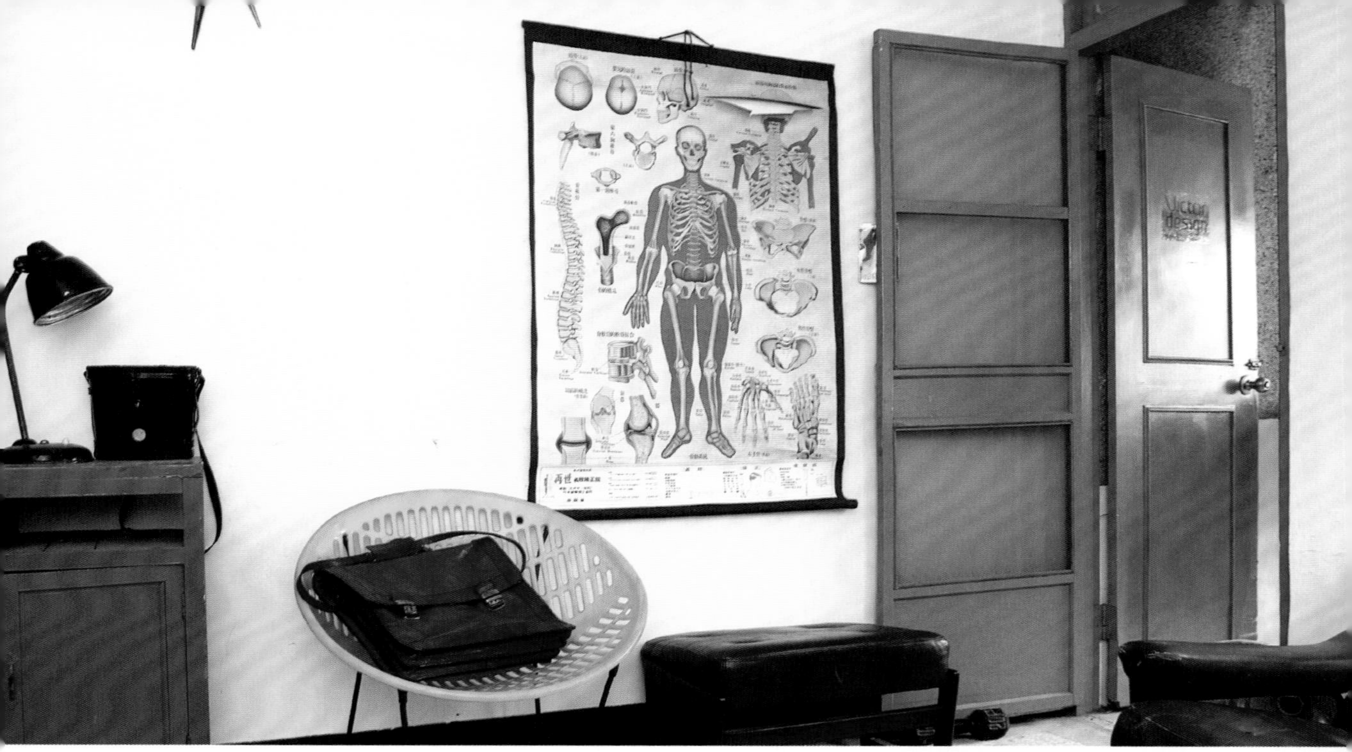

不曉得是不是物以類聚，認識的朋友中，許多都有拾荒喜好。每每拜訪一處住宅，總能看到一兩件家具是主人在路邊撿來，看著他們興奮的介紹撿拾過程，說著事後又是如何修補整理，對那件家具的喜好遠超過了其他購買的家具。我心存羨慕，因為一直以來沒有真正的在路邊撿拾到家具過，家裡的門片，還是朋友幫我撿的。

老家具的新緣分，有得有捨

Goran位在台中的工作室兼住宅，堆積了滿屋子的老家具，「我從念書的時候，就喜歡撿家具。你很難傳達原因，但在路邊發現到別人丟棄的老家具形體很美時，真的會有種興奮的感覺。」但同時Goran也替這些老家具感到難過，「是不是人習慣擁有了一樣東西，就會看不見它的價值了？」或許就像人與人分離，是為了與下一段緣分的開始。至少這些老家具重新得到肯定，有了疼愛的主人。

似乎都是這樣的，一開始只是單純喜歡老家具，無論是買來或是撿來的，累積到一個量，空間不夠堆砌，重點是手頭上的錢也不夠了，才開始賣起家具。Goran於是成立了「Belleville 264 Studio」，除了做老本行櫥窗設計和平面設計之外，也賣起家具了。「真的特別喜歡的，我會留著。但其實每賣出一件，都還是有點捨不得，因為每一件家具都是我喜歡才會買或是撿回來。」

1—黃色的單椅雖然是舊家具，但很難想像過去會有這麼新潮顏色和樣式的家具。

2—遊走在Goran的空間內時，特別留意各式單人椅，我也在尋找適合自己的單椅。

3—很漂亮的老電風扇，在前主人的照料下，體態和功能還很完整。

但不賣，就無法再有新的刺激，透過這樣販賣和添購的過程，來回經手的家具的確比以前多了許多。「後來想想這樣也挺好的，因為可以一直買新的東西回來欣賞，很多東西也可以拿反正是營業用當藉口，所以更大膽的下手購買。」只是這樣一來，工作室裡頭的老家具愈來愈多了。

燈與鐘，光影時間的流動和靜止

雖然Goran另外有處租屋，因為花了太多時間在修復老件和整理舊物，常常得夜宿工作室。於是在他二樓的房間，擺了張行軍床，放上軟墊、抱枕、毛毯，成了舒適休憩之地。「我還蠻享受睡在工作室的時間，因為我很喜歡燈，而房間內吊掛著各式各樣的燈，每天睡醒看到這些燈，就有種滿足感。」

房間內有盞燈，是他最喜歡的一盞。「我拿吸頂燈的燈罩加上唱機盤的底座，組合成一盞低矮立燈。這一盞我應該不會賣吧！至少現在還捨不得賣。」來到他的工作室，會像是淘寶一樣，看到許多古早有趣的東西。

像是另一個房間的一角，有數個堆高在一塊的鐵圈，原來是早期放映片子時的膠捲框架。那時候拍攝的電影，是最古早的底片機，播放電影時必須要靠播映機轉動膠捲播放。時代進步的太快，在我們都還不夠熟悉當前事物，一個眨眼已經過去了。掛在牆壁上，還有個從德國來的時鐘，有趣的是這顆鐘是德國某個火車站的時鐘。因為站內的時鐘眾多，為了讓時間一致，鐘內安裝的線路是連動的，才能讓分散各處的時鐘都能一致。也因此Goran得改裝時鐘內的線路，才能使用。

1	
3	2

1—特別喜歡燈光的溫暖，所以收集了許多各式各樣的老燈。

2—擺了張行軍床充當床鋪，舊物環繞的小房間，讓人感到安心。

3—天花板專用的吸頂燈罩，如今和唱盤底座結合，成了盞新的燈具。

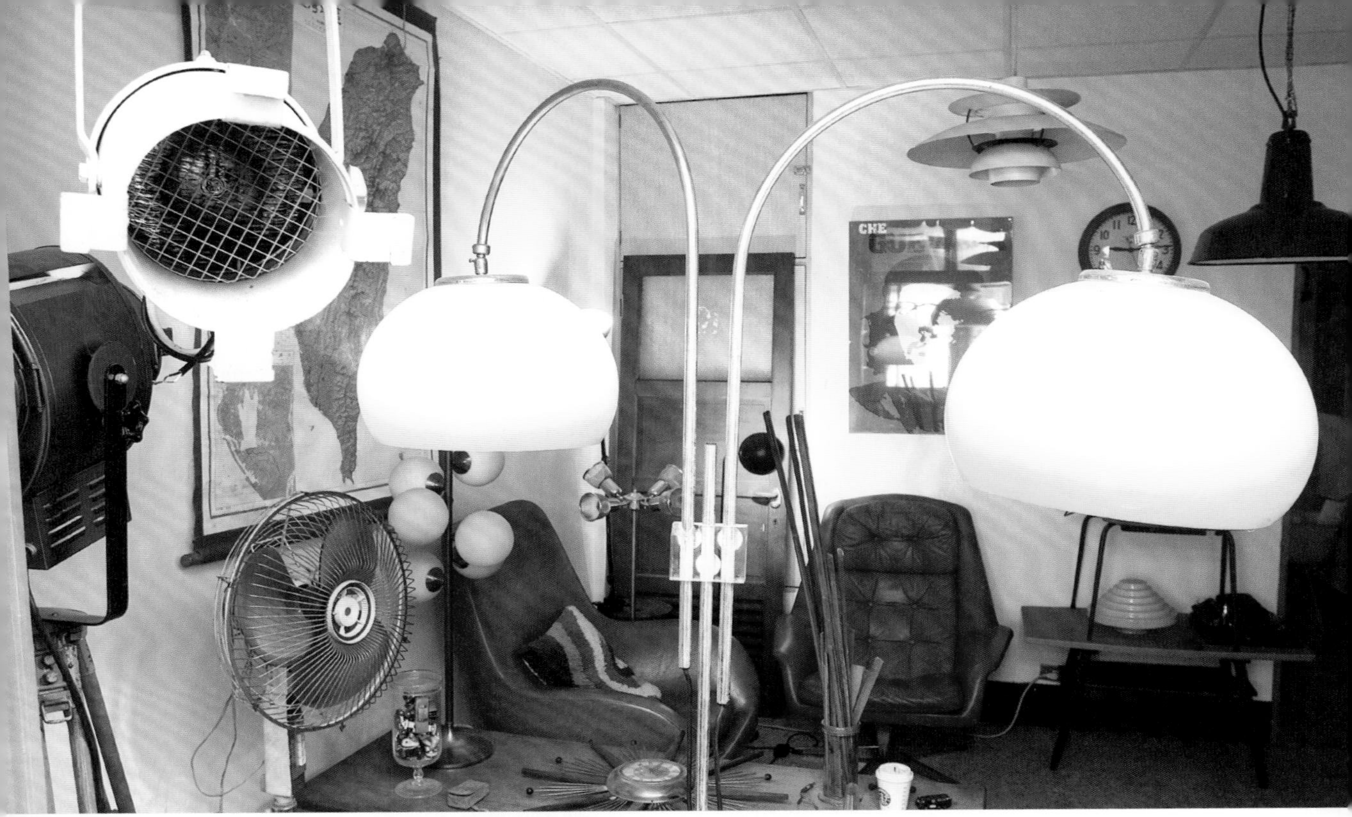

CAMPER
USE NO HOOKS

GENERAL ELECTRIC
264

184
2

復刻老物件，細節展現精制度

整天窩在工作室，Goran倒是很誠實的說：「其實久了會很煩耶！很想不要做了，但是每次看到老家具，還是會忍不住想要撿，想要買，又一頭栽進去了。」但Goran不覺得這是惡性循環，對老家具的喜愛是認真的，只是他可能需要更多放鬆的時間。

也因此原本每天開門營業的工作室，如今改為預約制。「其餘時間除了慢慢整理老東西，我也喜歡做些手作。」很多老東西賣掉就沒有了，Goran會把特別喜愛的家具，畫出設計圖，請工廠施作。「但我不放心全部都交給工廠，所以會拿回來做最後修補。」像是古早味濃厚的鐵網工業用掛燈，其實要找到保留完好的，有點難了，即便找到了，都要兩三千元。於是Goran復刻了掛燈樣式，但改用橡木把手，凸顯精緻度。

雖然不是念工業設計系，但對家具就是有份愛戀，才會讓Goran朝著這條路一路前進。直到現在，走在路上還是很留意路邊垃圾堆，搜尋著是否有遺棄的好家具。只是現在時間變得比較少，能在路上走動的機會不多，漸漸比較少撿到。「有陣子有點哀傷，很想念學生時代的單純無慮，可以花很多時間逛巷子，撿家具。」

生命總是推著所有人不斷的向前走，學生時代對所有人來說總是美好的，不過，又有多少人有勇氣做自己喜愛的工作？Goran說想到至少目前做的工作，是自己的選擇，又會覺得很幸福。雖然工作和生活已經密切相連，分不清彼此，但環繞在老家具中，白天黑夜穿梭在各式老燈吐露的光芒下，日子總是踏實的。

1—接櫥窗陳列的案子也是工作項目之一，像是角落擺放著加了軌道的老門窗，就是幫朋友設計，適合陳列衣物時擺放一旁的作品。

2—老房子才見的到的舊式窗花，很有復古的氛圍。

3—取名Belleville 264 Studio，是因為過去的舊宅就是門牌號碼264，就這樣一路沿用下來，所以空間內隨處可見這三個數字的小物。

採訪側記，

我曾經跟Goran買過一些家具，他讓我印象深刻。當然，會賣二手家具的，大多對老家具都是真心喜愛，但Goran會去改裝老家具，是比較不一樣的。有些已經無法修補的，大多就會算了，但他會再去思考如何改造。這讓我想到人的命運不也是這樣，每一個堅持或放棄的決定，都註定了事件發展。Goran的堅持，不輕易放棄，才讓那些家具有了延續的意義。

我也喜歡他將復刻的老家飾，改造為更漂亮的新品。像是他的鐵網橡木把手燈，我就買了一個，如今掛在我自己的家裡頭。買東西就像人與人相遇，都需要緣分的。找這個形式的燈具已經好多年，不是太貴就是體態很殘破，每每都無法下手。這次也算因緣際會，想不到Goran居然剛好有做，馬上順手就買了回來。能夠看平常看不到的東西，聽別人講故事，還能買到自己喜歡的東西，我想，這是我當初喜歡當記者的主要原因。

Goran

年齡：31歲

職業：Belleville 264 Studio負責人

對空間的想法：家具是空間呈現的重要角色

Tiffany藍色壁面 形塑空間優雅

中西家具交織家居表情

每個人都渴望擁有一個家，但家裡要長什麼模樣，太多人都是模糊的。**Geogre**說：「空間的布置得平日就累積，不是到處看看就可以。」總是教導讀者要試著從現在空間布置起的他，也將和**Peter**共同生活的小家，打扮得溫馨雅緻。

空間簡介

坪數：約二十六坪
空間特色：中西混搭的優雅風情
使用建材：超耐磨地板、油漆

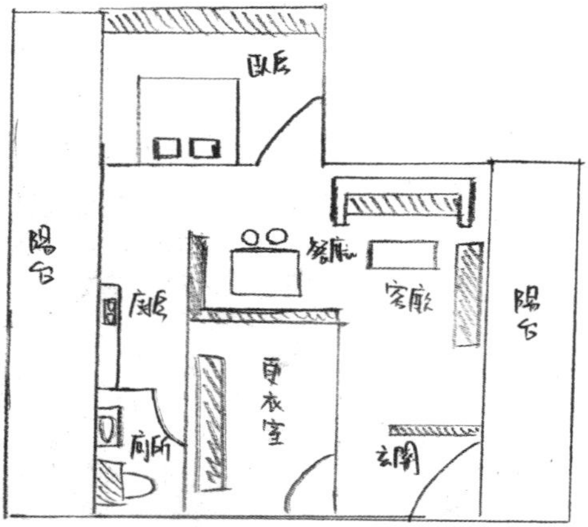

有如踏入電影場景，衣帽也成裝飾

走進Peter和George家，像是走進電影場景。剛穿越的白色走道種植了許多植物，舒暢了心思，轉進室內卻又轉了個折，撲鼻的藏香沉澱著思緒，空間內擺飾琳琅滿目映入眼簾，整體色調幽靜，讓人不自覺緩慢了腳步。

從一入門就是一排彩繪瓷珠串成的特製屏風迎接著，中國風濃厚的屏風，是Peter工作時和比利時合作，請工廠燒製瓷珠串成別緻的陳列用屏風道具，「很多人以為這是老東西，其實是新的，只是中國風的彩繪讓人覺得古意。」透過這排高低排列的雅致屏風望向客廳，若隱若現中帶著獨有風華。

眼前還望見一間懷舊小房間，是這間三十多年老房子舊有格局，George把這處角落改造成更衣室，「我們保留房間門和窗戶原來的色澤，因為保存良好，顏色也很好看。」房間內使用一長排開放式衣櫃，「很多人擔心衣櫃若是開放式，會不會看起來很雜亂。其實只要收納整齊，敞開的衣櫃反而讓空間更顯豐富。」

George甚至將帽子也當成展示品，依序排好掛在壁面。本身是收納高手的他，將功力完全發揮在更衣室內，所有的衣物即使敞開在眼前，整齊劃一。燈具上還垂掛了Peter手作的夢想熱氣球，針對George喜好而特製，傳遞了夢想和熱情的熱氣球，高高垂掛，像是把夢想掛了起來。

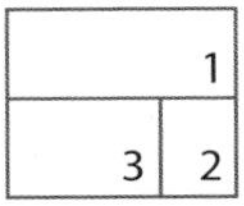

1—空間內東西雖多，整理的有條不紊，配上淡雅的壁面色彩，盞盞溫潤光影，待在空間內的感覺是自在的。

2—沙發旁的櫃子，配上古樸立燈，也是個好看的小角落。

3—其實是普通賣場買的凳子，因為含收納空間，單價不貴，買了數個堆疊在窗邊，和空間意外協調。

水晶燈主導優雅，老家具復古溫潤

家裡的燈飾，大多是George購買來的，「我很喜歡燈，工作中或逛品牌特賣會，遇見喜歡的會馬上帶走。」率性的他，認為喜歡一件東西時，只要能力足夠就別再猶豫，「因為你喜歡的東西，一定也會有人識貨，不當機立斷，可能下一秒就被買走了。」

「很多水晶燈都做的太華麗了，我喜歡水晶燈的優雅，但不應該是過分華麗。」低調華美的水晶燈，配上客廳壁面的Tiffany藍，醞釀沉靜的氛圍。「可能是迎合這間老公寓的靈魂。」於是，客廳裡擺放了黑色雙人沙發，模樣復古，配上年代久遠的老木箱充當茶几，一旁還有瓷珠串裝飾柱改裝的燈飾。

兩個不同的人住在一塊兒，喜好不一，生活習慣不一，自然收集的物品也不盡相同。「我們家就是什麼都有。」妙的是有在靜修的Peter，喜歡中國味重一些，而George則喜歡較歐風的家飾，於是空間內中西混搭。

小物件讓空間更立體，好家具值得等待

空間展現了完整概念。沙發擺放了數個抱枕，每個抱枕花紋不一，但都很美麗，George除了愛買燈，也愛買抱枕，「抱枕很神奇，你多擺幾個在沙發或是床鋪上，空間感覺就更立體了。」桌面上的燭台、小碗、綠色水壺在巧手排放下，增添角落的美麗。

1—開放式的更衣空間，更會提醒居住者要做好收納。

2—出國旅遊或出差時，帶回來的紀念品，不規則的掛在壁面上，都是份回憶。

3—不奢華的美麗水晶燈，垂掛著一室浪漫。

CALIFORNIA
GEORGE

TOSHIBA

「我們家到處都有燭台。」George和Peter都喜歡燭光的溫暖，他們說夜間室內習慣不開燈，僅靠數十個燭台的火焰照亮整個家。轉頭望向餐廳，空間雖小卻雅緻溫馨。一進到這空間，也很難不被折疊式餐桌溫厚的色澤所吸引，它是George某次採訪時，意外買回來的戰利品。造型典雅可摺疊，機動性高，原來是老闆從歐洲帶回來的老家具，據說原主人也是有些不捨。

好家具總是值得等待著。現在空間看似家具都很完整，卻也是他們兩人多年來慢慢收集的成果。「沒有遇到喜歡的，其實我們都不會想買。從開始買家具到現在也七八年了，買家具是講求緣分的。」

臥房也精采，小窗對著同樣擺滿盆栽的後陽台，引進了綠意，雖然家具不多，床墊上倒是也擺了不少美麗抱枕，交疊出視覺的豐富。床鋪兩側，一邊放著兩個矮櫃，充當床頭櫃，在床鋪上的毯子混著抱枕，整個臥房看起來很有異國風情。

Peter和George家累積了十多年的布置經驗，才能輕易將租來的房子改造得美好溫暖。George說：「其實家具都是固定的，重點是陳列方式和配色。每次換屋，我們都會依據空間特性去調整。」他說的輕鬆，我卻看到兩個人住在一塊兒，把空間改造成理想小屋的用心。

1—餐廳用色較重，正好搭上空間的色調，顯得沉靜。

2—峇里島風格的掛物架，垂掛著一條條圍巾，一旁擺放的畫作和PANTON椅，組成一幅小景。

3—黑色鍛鐵的美式床架，配上多采多姿的抱枕，床鋪顯得好悠閒。

DREAMS DELIVER

採訪側記，

Peter和George是我認識的人裡頭，把租來的空間用最快速度改裝完成的人。這當然歸功於他們本身對視覺美感都有一定要求，這樣的兩個人湊在一起，空間當然精采。

精采在於他們對空間不會輕忽，而且更渴望能布置屬於自己的屋子。或許像我一樣，將近十年的家居採訪生涯，說長不長，每次去採訪別人的房子，無論好壞，總會希望有一天，能有個自己的小屋，可以盡情揮灑，買自己喜歡的桌子、椅子、小杯、抱枕，親手點滴布置屬於自己的味道，而不是只是在打稿的過程中抒發。開了咖啡廳之後，實在好忙碌，沒有過去記者生涯的那麼自由，嚷嚷著要去Peter和George家玩耍都喊了三年，他們早從南崁搬到了板橋。雖然無緣見到南崁的房子，還好至少來了新家，空間就跟照片上看到的一樣，甚至更好，我喜歡聽著他們說這幅畫的故事，或是那張桌子的趣聞，一切都是那麼有意義。

而有年代的餐桌，就是Peter手作夢想熱氣球的地方。因為發現太多人被現實磨的失去了生活熱情，想要傳遞一份溫暖給大家，於是他開始做起夢想熱氣球。切工精細的布或紙條，用黏膠一條條黏在保麗龍球上，再用麻繩編織網袋套上，做一顆最小直徑十五公分的熱氣球，專心的話也得花上兩個多小時，謝謝Peter送了YABOO Cafe一顆夢想熱氣球，讓我跟小妹每次看到熱氣球，都不會忘記夢想，更謝謝他們邀約我去拜訪他們家，讓我沒有錯過一處好空間。

Peter

星座：天秤座

職業：創意總監

對空間的想法：配色決定了空間的主體視覺

George

星座：射手座

職業：漂亮家居主編

對空間的想法：善用小物有畫龍點睛的效果

六十坪大自宅 一個人住

一切自己來，花草伴隨過日子

小左的家，只能用寬敞來形容。比別人都大的客廳，比別人都大的廚房，只因為他將六十坪的房子，規劃成只有一間臥房，自然公共空間變得寬鬆了。

空間簡介

坪數：約六十坪（二層樓）
空間特色：寬闊舒暢的開放式住宅
使用建材：原木、實木地板、玻璃、油漆

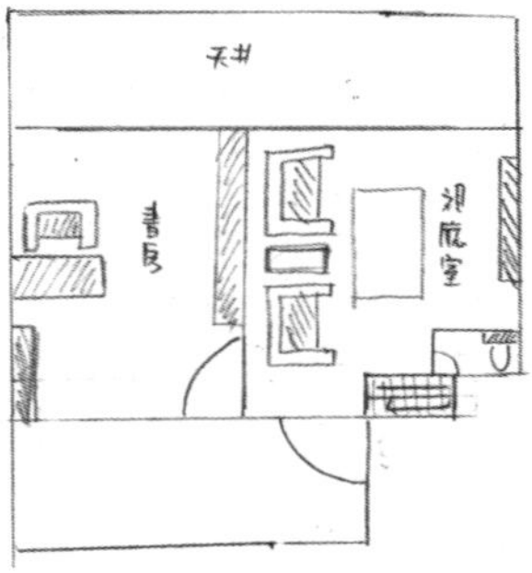

B1

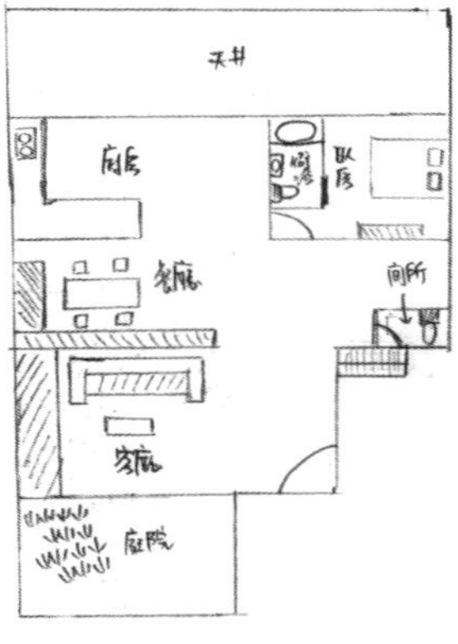

1F

「我想，家是值得被好好對待的吧！就算不是住一輩子，好歹也是要住上個幾年吧？」小左很認真的說著。的確，總是很難想像有些人看起來光鮮亮麗，家裡卻是雜亂無章，與其花時間打扮外表，不如花點時間整理家裡。當居住起來舒服，自然而然就會重視外表的整潔，這是相輔相成的。

開放式空間，居住起來寬闊舒服

小左房子的設計，其實是他大學二年級時的作業作品。「大學我念的是室內設計，老師出了題目，剛好家裡要重新翻修，於是我把它當成一個作品規劃。」但設計的原理，是依循著小左對空間的思維。「我家涵蓋了地下室，上下樓加起來一共六十坪。因為地下室連通一樓有個天井，所以很通風，跟一般潮溼的地下室不一樣。相對可使用空間變大了。很多人喜歡把房間隔很多間，好像可以住比較多人似的，但這樣住起來真的比較舒服嗎？」

認為居住就是要自在，因此六十坪大的房子，只有一間臥房，位處在一樓，除了地下室各有一間工作室和儲藏室之外，其餘都是開放空間。「一個人住六十坪大的房子，好像是有點奢侈，但可以住得很舒服。」

1—空間雖然大，但小左只擺放了夠用的家具，讓家裡維持簡單的樣子，空間感覺更加輕盈。

2—實木做成的凳子，自然的模樣和觸感，是讓小左喜愛的原因。

3—特別喜歡實木的質感，就連廚房檯面，都是實木材質。

小庭院充滿綠意，詩意四季

喜歡花草植物或是和自然有關事物的小左，研究所改念生態環境相關科系，有綠手指的他，把小庭院照顧得好像一座小森林。依據四季更迭，院子綻放不同的花朵，冬季時甚至有美麗的櫻花，落花飄散到地面上時，很是詩意，偶爾還有綠繡眼或是白頭翁來玩耍。「我最喜歡坐在餐桌上對著庭院，看到的不是對面的大門或是窗戶，而是滿滿綠意，一切煩心的事情都得到一些些紓解。」客廳和餐廳中間，小左放置了一座長條型大魚缸，裡頭有鱧魚和台灣馬口魚，偶爾得和牠們說說話。「其實這些生物跟人類一樣，都是需要被關懷的。」

一個人住這麼大一間房子，小左很懂得過生活。客廳靠庭院的窗邊，擺了一套畫具。「有閒的時候，才能畫上一些。但我覺得沒關係，反正只是自娛用的，就慢慢畫吧！」透過畫畫，也能讓他的心情得到舒緩和平靜。「生活中就是瑣事不斷，還得耐著性子處理，真的很煩人，所以我必須找到能排解憂愁的嗜好，像是繪畫、釣魚。」

興趣當裝飾，工作室像小店

小左喜好溪釣，是個甩竿高手。為了溪釣，他跑遍世界各國，只為了在生態環境更好，周邊環境更幽靜的地方，享受甩竿釣魚的樂趣。他不只是愛釣魚，甩竿需要誘餌，除了使用常見的蚯蚓外，其實還有更專業誘餌，就是製作精美像是藝術品的毛鉤。

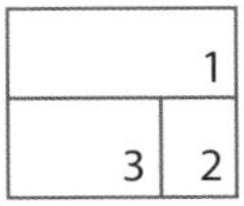

1－做毛鉤的專屬工作室，一如他的喜好，也是用整塊實木當工作桌的桌面。

2－製作毛鉤專用的材料道具，佔據了整面牆，好像走進了一間店。

3－偌大的魚缸內，養殖了鱧魚和台灣馬口魚。

為了製作毛鉤，地下室甚至有一間專門工作室。一入門，右手邊掛滿了整面牆壁，都是製作毛鉤需要的各式材料，彷彿是間小店，排列得整整齊齊展示在眼前。壁面上還掛滿了各個毛鉤的完成品，有小左自己做的，有些是國內外友人贈送。「我是這種人，就是喜歡一樣東西後，就會去鑽研到不能再鑽研。」因為喜歡溪釣，於是學了甩竿，再則連毛鉤都自己做。

木作自己來，是樂趣

一樓靠樓梯邊的原木支柱，是小左從林木場買回來後，自己磨砂拋光，花了將近一個禮拜，才讓這隻原木的表層變得光滑。客廳窗邊的畫架旁，也有個樟樹的樹幹，用同樣手法磨亮表面後，如今是繪畫時的座椅。「我很喜歡木頭，弄這些東西的時候，也是一時興起，自己剝皮、自己磨，一切都是DIY。原本我還想在家裡弄間小的磨木坊，但發現打磨的過程，粉塵太多，於是作罷。」

說起家裡的每一個空間，從設計理念到生活體悟，小左都很有感觸。或許是他從大學的時候，就已經為現在的空間打下了基礎，前幾年接手了這間住宅，可以真正隨心所欲的把大學的想法，更切實加以實現，對他來說，這個家即便只有一個人住，或許打掃起來有些麻煩，但讓他心頭很滿足。

採訪側記，

第一次拜訪小左家的時候，發現這麼大的空間只有一個人住，覺得是一件很享受的事情。當然就像他說的，打掃起來可就累人了，連我家加起來不過二十坪左右，每禮拜一次的大清潔，還是累得氣喘吁吁。

既然是自己要住的空間，當然要整齊乾淨，才會舒服。小左說除非他真的忙到焦頭爛額，不然每天睡前，一定會把所有物品物歸原處。因為你今天不用，明天會更亂，會更不想整理，久了，就會亂到你都麻木了。而且維持桌面和角落的整齊，可以讓人看了心情愉悅。這也是我一直很想強調的收納概念，許多人對收納這件事情很困擾，依據我的觀察，收納其實不難，難的是每天持續地去做。當你把收納整齊這件事情當成習慣，很自然的每一件物品都會有該放置的位置，更自然的是怕家裡變亂，你會不太想買東西，這是很奇怪的心理作用，但卻是我訪問過許多家裡維持整齊的人，大多數會有的想法。所以，如果你希望家裡維持整齊，其實應該先學會物歸原處。

小左

年齡：41歲

職業：旭傳媒科技股份有限公司 U-Outdoor 總編輯

對空間的想法：自己要住的空間，一定要弄得舒服，生活才會很舒服。

家，就是展現主人思維

頂樓無隔間，用心思點燃家的溫度

因為不想看到對面鄰居，於是住在頂樓。因為討厭被拘束，所以家裡沒有隔間。因為討厭一成不變，家具隨時會更換位置。但八年前的我，其實沒有這麼清楚自己的需求。是在不斷的練習布置和思考下，才漸漸瞭解自身喜好，於是這間小屋，才能變成我的心之所居。

空間簡介

坪數：約十五坪（挑高夾層）
空間特色：色彩豐富、完全開放式
使用建材：竹地板、超耐磨地板、油漆

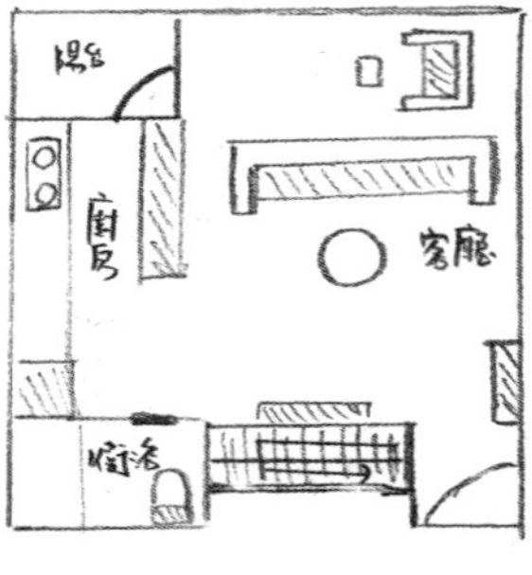

1F

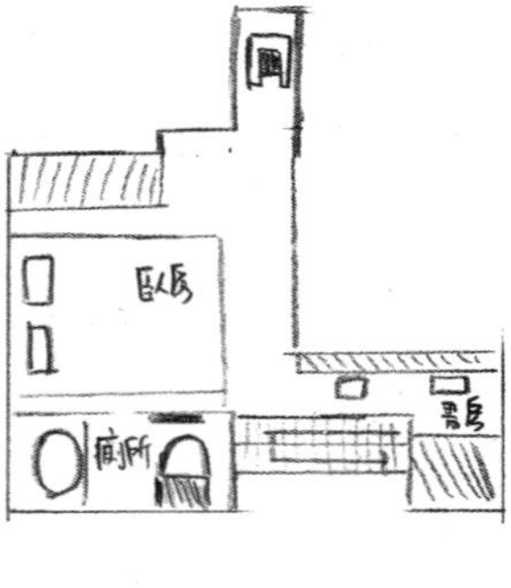

2F

關於是否要把自己的家放進來，思量了再三又再三，終於還是決定透過自己的家，分享我的想法。我想告訴大家，不是每個人都有辦法拿得出兩三百萬元出來裝潢，更不是每個人買得起一件件好家具。但難道這樣就不能擁有一個好品質的居家嗎？

家的溫度不在於花了多少錢裝修，而是花了多少心思去經營。我曾經採訪過花了兩千萬裝潢的房子，卻因屋主的家庭關係冷淡，感覺不出房子的溫度。卻在一個裝潢普通的空間，被那家人的和睦喜樂感動到偷偷落淚。於是我想，只有人的溫度可以溫暖一個空間，或許，這就是為什麼我獨鍾有溫度的房子，因為塞滿了主人的思維，每件家具，每個擺飾，每處空間，都像是擁有一個自己的小故事。

無論是設計師設計的空間或屋主自己改造，重點都在於屋主跟空間的關聯性。所以我決定，如果真的擁有一間自己的屋子，一定會用心照顧，讓空間充滿暖度。很幸運的在房價還未爬升時，在汐止買了間小屋。

挑高四米六，約十五坪大的小房子，扣掉公設再加上夾層可使用面積，室內約二十坪左右。當時規劃盡量減少木作和泥作工程，因為這兩項工程動愈多，裝修費用愈高，更重要的是我喜好自在，討厭被約束，何況是在自己的屋子裡。盡量讓空間保持慵懶放鬆是主要原則，因此拆除了原有裝潢，整體空間除了衛浴空間外，完全開放式設計。打掉天花板，消防管線裸露也無所謂，如今它成了吊掛包包的好位置。

1—有人問過，為什麼我的空間用色都很重，不會覺得很壓迫嗎？但我覺得色彩可以讓人感覺充滿活力，就像當我心情再差，看看活潑的壁面，就會感到開心許多。

2—在依卡家飾購買的南非柚木茶几，色澤和觸感都很溫暖。

3—去年終於裝了窗簾後，夏天就不用擔心被亮醒了。

因為喜歡老物，於是利用舊門板結合木作，做成了廁所拉門，保留門板原有色澤，自然有種樸拙感。客廳有面挑高到天花板的陶磚牆面，是當初規劃的主牆面，在材質選擇上，曾經猶豫再三，到底是要用壁紙、舊木料拼接或陶磚，最後決定的理由很簡單，因為我母親偏好陶磚，而且她說如果我願意用陶磚，那麼就贊助五萬元。

決定好了主牆面材質，再來就是配色，但這是我的一大罩門。過去工作經驗，我很熟悉如何布置一處空間，而配色的實戰經驗卻不多，外加我發現油漆是門學問，同一個顏色在不同光線、不同位置，色澤上就有了落差。我去師大附近的美術社買了色卡，外加一本《配色王》的書籍，認真比對，選出了蘋果綠和灰藍的搭配。但是空間採光太好，因此夜間和白日的顏色有了些落差，最終實際的成色和想像中還是不大一樣，但人生就是這樣，總會有些小缺憾。

配色決定了整體觀感，即便沒有任何家具進駐，視覺上已經很豐富。而廚房也是個重點，從小就喜歡跟在媽媽身邊幫忙做菜，但家中的廚房擁擠，也沒有一個正式餐桌可使用，於是，擁有一個舒適廚房加上一個大餐桌，是從小夢想。礙於室內不大，在流理台後方設置了用紅磚抹黑漆做成支架，上頭則是老檜木拼接的木板，充當做蛋糕或備料時使用檯面，也可以當書桌和餐桌使用。

至於家具櫃子，如果沒有必要，不偏好系統櫃，反而喜歡慢慢買適合的衣櫃、書櫃或收納櫃。還記得二〇一一年的六月屋子裝修完工，住進來的頭三個月，家裡只有一張沙發、兩張凳子、一個玄關櫃、一個電視櫃、一張床墊和一盞立燈。當時存款已經快見底，沒有錢再買了，加上看到的要嘛太貴，要嘛不喜歡，由於不喜歡強求，自然不買勉強的家具。直到隔年四月，客廳看起來稍微完整些，其實也不過多了張茶几、兩張沙發、兩個凳子和樓上的格狀書櫃。

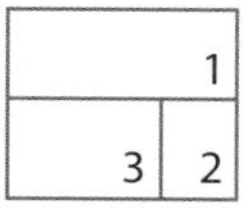

1─從小就夢想有個寬敞舒適的廚房，感謝老天爺達成了我的小小心願。

2─朋友撿來的木門，拼成一塊後，成了衛浴拉門，模樣很古樸。

3─買每一件物品，其實都會再三思考。如果兼具實用和美觀，價錢又合宜才會下手。如此一來，即便是最容易髒亂的廚房，也可以很好看。

Heineken
Heineken
TWG
TWG

●以挑高及淡雅色系拋開擁擠●

挑高三米六的五坪小屋，要包含一切生活所需機能，的確不是件簡單的事。設計師Victor第一次接觸到這案子時，只覺得像是接下了不可能的任務，「五坪真的有點小，還要囊括客廳、廚房、衛浴、臥房等空間機能，這時候動線安排就很重要了。」愈是小空間，愈要妥善規劃動線，好的動線能讓空間即使再小，遊走其中還是覺得輕快自在，更重要的是能在狹小空間內創造最大效益。

在動線規劃上，先以開放式格局打造寬敞視覺感，置身其中因為有挑高樓層，不容易感到擁擠；屋子的主人是單身女性，希望將空間結合甜美和時尚，配色上以粉紫花朵和米金等淡雅色系鋪陳柔美感，客廳主牆以粉牡丹淡刷銀箔的進口壁紙，塑造華麗時尚感。

整體空間

坪數：5坪

居住人數：1人

格局：客廳、玄關、廚房、衛浴、臥房

使用建材：烤玻噴砂、壁紙、玻璃

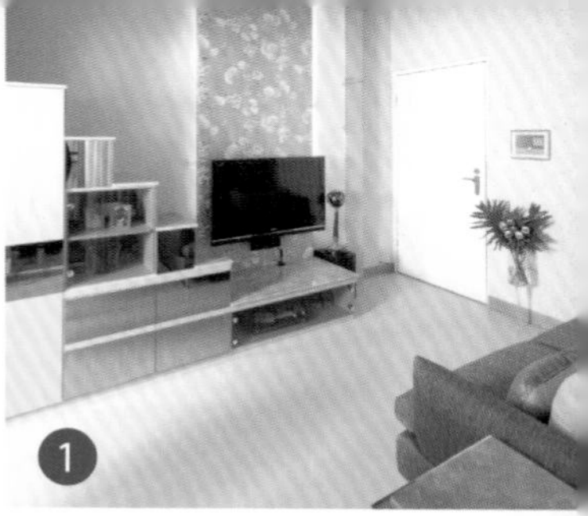

●精算公分數，不放棄賺取空間●

為了善用空間機能，電視櫃巧妙的和樓梯融為一體。「其實電視櫃就是樓梯的第一階。因為這個空間已經很小了，每一個設計最好都能兼顧多樣機能，相對就濃縮了空間。」樓梯下方同時是收納櫃兼衣櫃，有趣的是，念建築出身的Victor重視居住品質，無論如何都希望居住者能盡量享受到最舒服的空間，因此上夾層的樓梯除了兼具多樣功能外，他還特別精算其高度和寬度。

「我將樓梯的寬度做到六十五公分，不會感覺太窄，且衣櫃也有了適當深度；高度則是從一般的二十公分，多增加四公分，爬樓梯時稍微吃力一些些，但樓梯可以做成一直線，不需要再轉折，又多賺到一些空間。」Victor還精算到走上夾層時，在倒數第二階屋主還能全身站立，直到最後一階才需要微微彎腰上床鋪。

竭盡所能的精算尺寸，妥善安排空間順位，讓五坪小屋有了十五坪大的錯覺。很多人無法理解動線規劃對空間的重要性，但如果你能細看這間屋子的平面圖，再想像一下五坪房間的大小，或許就會發現，原來把動線規劃好，改變這麼大！

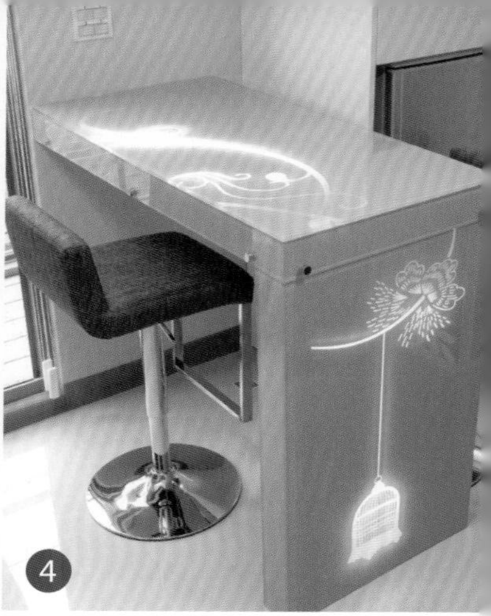

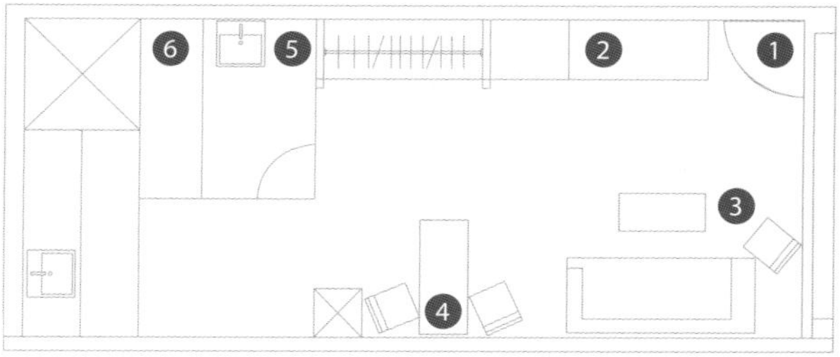

❶ 玄關

在天花板處拼了四塊黑色鏡面玻璃，就成了玄關位置。「如果少了玄關，好像一開門就直接進到室內，感覺不大舒服；雖然這個玄關很簡單，但在心境和視覺上，就多了一處緩衝。」同時，把原本的黑色大門也重新烤漆成白色，「因為室內顏色都很輕，大門卻是黑色，會很突兀。」

❷ 電視櫃

細看電視櫃，原來是通往夾層樓梯的第一階。小空間可利用坪數不多，又希望維持寬闊動線及機能，只能動動頭腦，融入一物多用的概念，像是樓梯兼具電視櫃之餘，也結合了收納櫃和衣櫃。

❸ 客廳

挑高空間的落地窗簾，拉長了視野；屋子位處邊間，採光對空間有加分作用，充足光線讓室內顯得寬敞。空間不大，家具也不需要多，只擺放了長形沙發和邊桌就夠用了。

❹ 餐廳

很多人擔心空間太小，需要捨棄的機能相對變多，但在這個案子裡，卻可以發現只要有巧思，還是能滿足需求。L型吧台充當餐桌，以淡灰紫烤玻噴砂花紋營造氣氛，桌面透出光影，為空間添了份輕盈。

❺ 衛浴

原本建商附的衛浴設備相當高級，甚至有蒸汽室，規劃的衛浴坪數更將近現在的兩倍。但Victor建議屋主退掉蒸汽室，並縮減衛浴空間，「因為五坪，真的沒有那麼多可以揮霍的空間。」即便衛浴空間縮減了，該有的機能仍一應俱全。

❻ 衛浴外部

衛浴外部：衛浴空間是以玻璃來當隔間，如果是磚牆，需要十一公分的厚度，但改用玻璃僅需一公分，如此一來又節省了十公分空間；且玻璃質感輕透，再以手繪花紋輸出裝飾，降低了空間厚度。

（照片提供／威卡空間設計事務所）

忠於一個人的格局規劃

復古瑰麗醫生私宅

●以玄關分割動線，保留客廳獨立性●

單身最大好處，是居住空間只需要考慮自己。位在板橋的這間屋子，屋主朱先生是骨科醫生，喜歡復古色調，愛聽六〇年代爵士音樂，於是設計師Victor利用沉穩的灰白配色，略帶誇張但又優雅的水晶主燈，打造了一間時髦的復古居家。

空間約二十坪，原先的格局規劃是一開門就見到整間屋子，少了些隱私感，於是Victor更動了室內動線。其實空間動線是很有意思的，一樣的坪數，卻因遊走路線不同，感受也大不同。

整體空間

坪數：約20坪

居住人數：1人

格局：玄關、客廳、廚房、臥房、更衣室

使用建材：玻璃、布料、板岩

Victor利用木作做了約二十公分厚的立面當玄關牆，而通往房間、更衣室的動線也規劃在玄關旁；繞過玄關牆，就只是個獨立的客廳和廚房，「一般臥室門都是設置在客廳，但因為這空間坪數不大，我想要強調空間獨立感，於是把出入裡外的動線都安置在玄關。」

●更衣室併入客房，舒展主臥空間●

他也更動了廚房動線，原先的一字型流理台佔據太多空間，「屋主本身一個人住，下廚機會不多，只要保留簡單功能就好。」於是一部分空間成了吧檯，「吧檯可以兼作流理台的延伸，又能當餐桌，同時讓空間看起來多了分時尚感。」沿著吧檯的立面，也延展了一個低矮書櫃，可以擺放書籍或小物，空間多了些人文味，「有時候一些小改變，就足以讓空間像是換了張臉。」

臥房原先的衣櫃也被拿掉，「房間已經夠小了，還擠了衣櫃更狹小。」Victor將臥房旁的小房間改為更衣室兼客房，「因為這空間只有一個人住，其實親朋好友來訪的時間真的不多，有準備客房就好，其餘應該盡量讓空間的使用性更符合自己的需要。」於是，臥房變大了，動線規劃不勉強迎合常規，活動更自在。

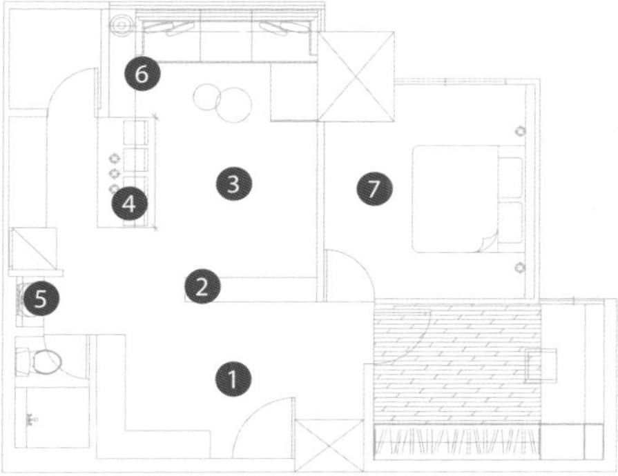

❶ 玄關

入口的玄關，以木作做了造型牆，擺放凳子可以當穿鞋椅，造型牆上設置了光源，以投射燈打亮壁面，讓一入門的視野是明亮的，還能展示擺飾。

❷ 電視櫃

玄關的背面成了電視牆，合而為一的壁面設計節省了不少空間。以鏡面做裝飾，照映著客廳的光景，具有放大空間和裝飾的效果。

❸ 客廳

淺色沙發、灰色窗簾、瑰麗的水晶主燈，凸顯了空間的時尚亮麗。迎合屋主喜歡復古的氛圍，配色和家具選擇上都以略帶沉穩的色澤做挑選標準，加上亮質燈飾，像是水晶燈或吧檯上的金屬材質燈罩，空間在兼顧復古之餘，保有時尚感。

❹ 吧檯

更動了廚房的動線配置，保留了廚房烹飪的基本功能，設計師將廚房改為開放式空間，以吧檯和客廳相連。有了吧檯設計，可以當廚房的備料檯面，同時也是餐桌，偶爾朋友來訪，還能兼作聊天的吧檯。

❺ 洗手檯

開放式的洗手檯，最怕看起來凌亂，於是規劃了完善的收納空間，可以堆放個人物品，鏡子後方也隱藏了收納櫃，不怕沒有位置擺放瓶瓶罐罐。

❻ 客廳一角

和客廳相連的廚房吧檯，延伸出書櫃線條，可以擺放書籍和小物，兼做收納櫃。而吧檯的立面則是選用色澤穩重的板岩，輔以間接照明打亮，讓沉穩的黑色視覺上有些層次。

❼ 臥房

濃郁的紫黑色臥房，展現了大器和浪漫。以布料當床頭背板的裝飾立面，背板裝設間接照明，朝上投射光源，打亮上方壁面，讓用色稍重的空間視覺上增添層次，不顯單調。

（照片提供／威卡空間設計事務所）

白色基調，巧用光影投射溫暖

下班後的簡約放鬆

●細長燈飾、鏡面，延伸視覺●

二十坪大屋子，考慮到未來可能會搬到更大的住宅，為了節省預算，因此不做變更格局的大動作，就現有空間進行基礎裝修，一樣可以把家弄得很有個人風格。

屋主林小姐本身是廣告AE，或許是生活已經太過忙碌，回到家希望能感受到純粹簡約，於是選擇白色做空間基調。玄關處僅以簡單光影線條加以點綴，配上屋主自己選的細長吊燈，性格十足。

整體空間

坪數：約20坪

居住人數：1人

格局：客廳、臥房、客房、廚房、衛浴

使用建材：油漆、木作、燈具

怕空間過於冷冽，客廳沙發挑了暗紅色，配上沉穩灰黑抱枕和窗簾，沙發背牆輔以一條細長鏡面做視覺延伸，簡約中吐露個性。「其實這個空間很有意思，我們是先選家具，再依據家具特性做空間設計規劃。」設計師Victor說。

●燈光設計為空間增值●

像是電視櫃，因為先選擇了烤漆立面櫃體，延伸左右的木作層架依循著櫃體的線條和顏色而設計，「空間已經相對簡單，於是我們在延伸的櫃體上做了些小變化，比如凹凸的立面，以及和沙發背牆呼應的細長鏡面線條，讓整體空間視覺上一致，卻又不顯單調。」

臥房改走沉靜色系，咖啡色中帶些灰，「臥房空間不大，選用白色會看起來很單調，沒有變化，而稍微厚重的色彩，能讓視覺豐富許多。」床頭櫃的兩側空間狹小，但Victor擔心如果設計得很普通，會讓空間更顯單薄，於是左右安排了L型邊櫃，多些模樣上的趣味變化。

整體空間因為用色簡單，Victor於是很重視各個角落的光影變化，「白色容易流於冰冷，但如果有光影烘托，空間就會顯得溫暖。」因此從玄關、客廳天花板的間接光源，到臥房背牆的投射光影，燈具費用不高，但幫空間加分的增值性很高。

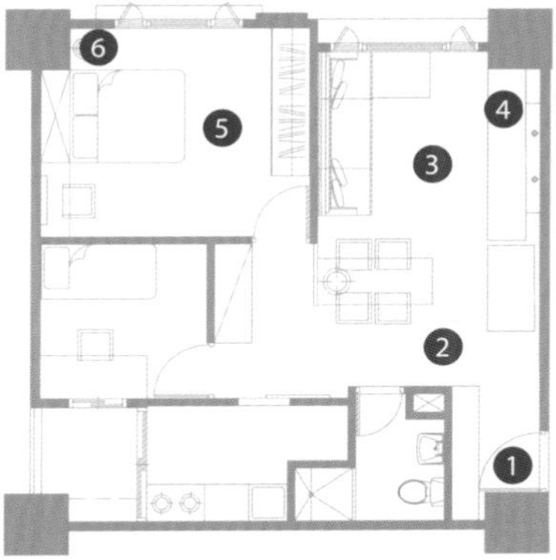

❶ 玄關

因為屋主喜歡簡單的感覺，玄關設計上也講求簡約，因此僅規劃了一條細長層架佐以隱藏光影做視覺變化，為了搭配玄關設計，屋主自行選購了細長型燈飾，據販售這盞燈的老闆說，此吊燈一向很冷門。買家具果然很講求緣份，主人的個性加上玄關設計，配上這盞燈，正好。

❷ 餐桌

室內空間不大，原本沒有多餘的位置擺放餐桌，但設計師將餐桌規劃在通往臥房的門邊，當成區隔兩處的假象隔間。一般餐桌尺寸較大，擺放進來會讓空間更狹小，於是特別訂製了六十乘以一百五十公分的桌面，一旁壁面另外規劃了書櫃，讓餐桌區域同時兼書房使用。

❸ 客廳

客廳位處高樓，採光極佳，擺上暗紅沙發，及色調穩重的配飾，像是抱枕、窗簾，模樣簡約；空間以白色為基底，天花板吐露和煦光影，顯得寬闊舒服。

❹ 電視櫃

依據屋主買的電視櫃而完成的整體性設計，其實蠻有意思。「一般都是先規劃好空間，再購買家具，不過這個案例比較特殊，屋主預期未來會再搬家，所以希望買好一點的家具，未來可以帶走。」

❺ 臥房

空間坪數狹小，於是在床鋪背牆設計了隱藏式收納櫃，結合隱藏光源打亮床頭，讓空間有了充足的收納之餘，也因光影而顯溫馨。

❻ 床頭櫃

小小巧思就能讓角落活化，L型的床頭櫃設計，讓小空間有了些趣味。

（照片提供／威卡空間設計事務所）

融入峇里島家飾的紫色小屋

瀰漫對浪漫的堅持

●以黑色拉近紫調與原木●

有趣的人總是能創造出有趣的空間。位在中和的這間小屋，坪數不大，約二十來坪，但屋主李小姐的個性活潑，對空間和家具都有一番想法，於是居所就有了故事，還多了分趣味；瀰漫紫色的浪漫小屋，是屋主對色彩的堅持，屋內有些峇里島風的原木家具則是她的收藏。

但對設計師來說，紫色和峇里島原木家具，要如何完美融合在空間內，則成了考驗，「紫色是很優雅的顏色，一般來說，很少會跟休閒感重的峇里島風家具搭配。」Victor說。為了滿足屋主期待，選用黑色來做陪襯，黑和白色都算單純色系，拿來搭配紫色，空間顯得沈澱且不單調，若將原木家具放入，也因為黑色較為厚重，反而讓家具顯得輕盈。

整體空間

坪數：約20坪

居住人數：1人

格局：客廳、餐廳、廚房、臥房、玄關、客房

使用建材：壁紙、窗紗、木作、玻璃、油漆

●妝點舊家具，綻放新面貌●

玄關處，屋主李小姐因為收藏了不少鞋子，需要較大的收納空間，因此利用木作設計了整排的收納櫃，為了避免太沈重，拆開做成上下櫃，中間的空隙則黏貼了金色花樣壁紙，並設置隱藏光源；一側擺放了像手掌的原木椅當凳子，巧妙融入了峇里島風格家具。

客廳的落地窗選用有著巴洛克圖騰的黑色窗紗，細細留意，正好和電視櫃背牆黏貼的壁紙呼應，「其實電視櫃也是舊家具，背牆為了搭配尺寸，寬度無法太大，不然空間會更顯得大器。餐桌也是原有家具，鋪上桌巾，就有了新面貌。」

採光優良的臥房，一樣點綴了紫色壁紙、紫色油漆，粉紫色鋪陳了空間的浪漫，雖然房間坪數不大，Victor特地規劃了完整的化妝檯面，好讓屋主能有個充裕的空間梳裝打扮。而這間屋子，依循著屋主的期望，讓紫色小屋有了主人的靈魂。

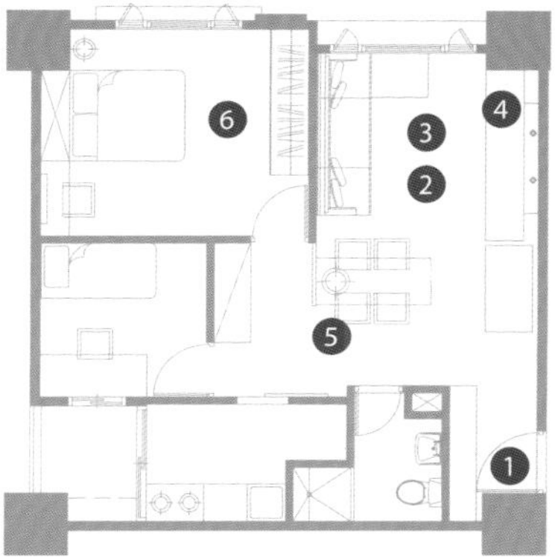

❶ 玄關

迎合屋主擁有眾多鞋子，需要較大的收納空間，玄關處規劃了上下收納櫃，平台處則可放擺飾和雜物；上櫃下方裝設隱藏光源，凸顯金色壁紙的高雅質感。

❷ 客廳

客廳是狹長型，於是天花板跟著做了長型線條，漆上屋主最愛的紫色，瀰漫著柔美氛圍。

❸ 客廳

預算有限，加上沿用的舊家具，設計師花了些小心思讓空間變得融合。淡紫色條紋壁紙、紫色天花板配上黑色窗紗，吐露了優雅氣息，屋主李小姐說：「之前有朋友來我家，說我家好有ANNA SUI的感覺喔！」

❹ 電視牆

背牆的壁紙寬度是為了搭配原有的電視櫃尺寸，後方安置隱藏光源，打亮紫色壁面，空間多了些光影層次。

❺ 餐廳

餐桌是舊家具，因為形體和新家的感覺有些差距，於是蓋上桌巾，並在上方添購了一盞美麗的水晶燈，增添典雅氣息。

❻ 臥房

位處高樓層，臥房的採光和視野都極好，也讓原本狹小的空間有了放大感。房間配色延續了屋主喜好，紫色充斥室內。

※註：本篇格局與上一篇相同，但因布置的不同，而讓視覺感受有了完全不同的呈現。

（照片提供／威卡空間設計事務所）

造型柱引領動線，延伸視覺

白金華美景觀住宅

●畫龍點睛的木作造型柱●

動線對空間的重要性，領導了整個視覺感受。在這個個案內，設計師李中霖巧妙利用了斜狀吧台，引領訪客的視覺由無法變更位置的廚房，直接延伸到餐廳和客廳。

同事設計師江小姐說：「這案子景觀絕佳，當初建案在規劃時，就是把客廳、餐廳和臥房的動線安置在面向景觀的位置，而廚房和玄關則被安置在無景觀的角落。」但也因此，一入門就會先撞見廚房，若眼光停滯於此，則浪費了窗外的絕美景色，所以才會規劃由廚房衍生而出的斜狀吧台，且在尾端設計了造型柱，吸引目光，同時把視線帶到前方的餐廳，展現空間的大器不凡。

整體空間

坪數：約80坪

居住人數：2人

格局：玄關、餐廳、客廳、臥房、廚房

使用建材：木材、壁紙、線板

3

1

2

「造型柱當初施作時很費工，因為是用木作做成，包括吧台也是用木作先做基礎造型，再蓋上人造石；但造型柱有弧度，施工困難，差點就要去工廠開模鑄造，好在木工師父還是克服了技術上的困難。」

●適量金色元素演繹高雅假期●

「這個空間的動線和一般住宅不大一樣，因為屋主設定為度假用途，所以室內僅規劃兩間臥房，其餘留給公共空間。」位在淡水的這項建案當初主打的就是絕美景觀，因此設計師規劃開放式空間，客餐廳流暢連貫，皆能飽覽美景。

這是屋主和設計師第三次配合，前兩次的空間色調偏暗，但這次採光和景觀好，於是整體空間選擇以白色為基調，白色進口家具、古典造型水晶吊燈，氣氛優雅；點綴金色燭台、金色家飾，烘托出了沉靜而華麗的空間。

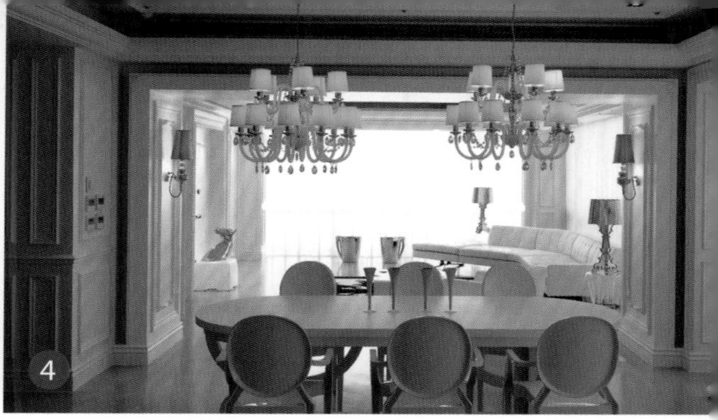

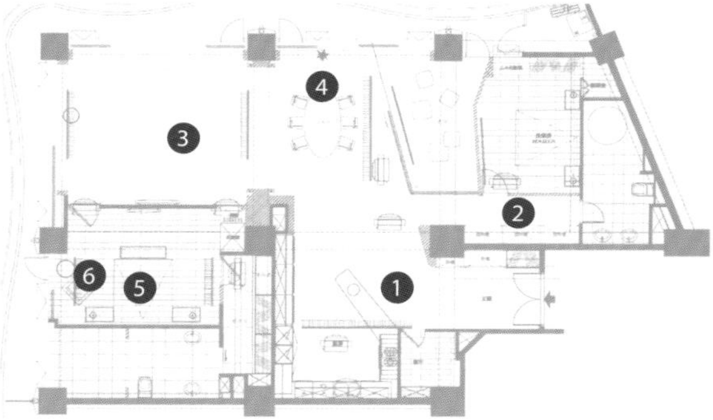

❶ 造型柱

入門的玄關因為緊鄰廚房，一般來說，目光都會被最鄰近的空間所吸引，但設計師希望凸顯空間的優點，就是窗外美景，於是大膽規劃了傾斜的吧台，並在尾端以白色造型柱搶先抓住訪客目光，隨著造型柱的方向，將目光自然移向餐廳。

❷ 玄關

狹長型的玄關，有種步入深處的感覺。為了緩和緊繃感，以白色為基底，加上線條優美的線板裝飾壁面，天花板也以宮廷式造型增添典雅風範，讓人走在狹長的走道，像是要通往華麗的彼方。

❸ 客餐廳

採取開放式設計，視覺在不同光影和家飾鋪陳下，有了層層變化，同時又相連兩處。因為屋子是做度假用，夫妻倆之外沒有小孩，所以偌大的空間可以依據兩人喜好使用。

❹ 餐廳

餐廳都是進口家具，配上兩盞偌大的水晶吊燈，造型優雅大器，置身在視野好的窗戶邊採光甚佳，讓餐廳氣氛更迷人。設計師以全白為背景，點綴少許金色家飾，像是餐桌上的金色燭台，無形中增添了些華麗感。

❺ 臥房

這間屋子的主要功能是度假，所以在臥房規劃上以簡單為設計重點，不需要太大，把主要空間留給外部公共區域。加上臥房也位在有景觀的位置，窗外風光能延展空間寬度，再用模樣古典的壁紙裝飾壁面，空間雖簡約但維持著優雅。

❻ 臥房一角

擁有這樣的風景，是讓人羨慕的。為了不浪費景觀，在床鋪邊放置了一桌一椅，有時候什麼事情都不做，坐在上頭看風景，就是最好的享受了。

（照片提供／雲邑室內設計）

私房採購去處

- **歐洲跳蚤市場**

  專門販售歐洲各地的二手家具，都是老闆從國外大批採購。除了家具之外，也兼賣小物，餐盤、杯子、刀叉等的百坪賣場，是個很好消磨時間的地方。

  電話：(02)2791-5008 地址：台北市內湖區民權東路6段16號之1（民權大權旁）

- **依卡家飾 IKAT**

  以異國風情的家飾布為主要業務，染色樸實好看的布料，是店內一大特色。兼賣原木家具，大多樸拙厚實，用色繽紛的抱枕，也是暢銷單品。

  電話：(02)2341-7293 地址：台北市和平東路一段27號

- **向日葵生活館**

  主要販售生活用品，彩繪瓷盤、馬克杯、歐風燈飾、拼布床罩或異國風濃厚的窗簾、掛布等，單價不貴但產品豐富。

  電話：(02)2396-6850 地址：台北市永康街23巷3號

- **民豐家飾**

  位在永康街上的生活小物專賣店，店內擁擠但貨品琳琅滿目。各國進口的馬克杯、燭台、蠟燭、香精油、抱枕套或精油水，價格合理且可選擇種類多。

  電話：(02)2351-7760 地址：台北市大安區永康街12-4號

- **MOT/CASA**

  代理各國經典家具，像是日本知名天童木工，或荷蘭Moooi。家具單價高，但件件精采，加上店內常舉辦展覽或活動，可以吸收不少設計流行資訊。

  電話：(02) 8772-7178 地址：台北市復興南路一段24號

採購網站

- **Loft29**

  老闆個人帶進了許多好家具和家飾，大多線條簡練優雅，有些小物也很精采，像是pantone的各色馬克杯，或家用小物，有些單價不高，可以考慮。

  官網：http://www.collection.com.tw

- **Pinkoi**

  網羅了許多國內年輕創意人的作品，大多是有趣味小物，比如盤子、杯子或燈飾，單價都不算貴，可是創意十足。

  官網：http://www.pinkoi.com

- **Blue tone**

  國內的老牌家飾店，販售世界各國有趣又有創意的經典小物。

  官網：http://bluestone.com.tw

- **20LTD**

  英國的購物網站，兼賣一些家飾用品。大多造型古怪有趣，不一定合大衆口味，但偶爾逛逛欣賞一下也不錯。

  官網：http://www.20ltd.com

- **島民工作室**

  國內的設計公司，生產過許多有意思的小物。像是我家裡購買的冰果室椅子，如今還推出了黑白兩色。生產一些家庭用品有關小物，都很有意思。

  官網：http://www.islanders-studio.com

國際展覽資訊

國際知名的家具家飾設計展，大概以這四個為指標性。其中的巴黎家飾展因為以家飾品展覽為主，氣氛和展場最為活潑。其他三個家具展，依據每年主題屬性不同，各大家具廠商總會使勁全力的加以布置個人賣場，像是爭奇鬥艷般，逛賣場像是看了一個個展覽。

- **科隆家具展**

  每年年初辦展於德國科隆國際展覽中心

  官網： http://www.imm-cologne.com

- **米蘭家具展**

  每年約4~5月辦展

  官網：http://www.cosmit.it/en

- **法蘭克福家具展**

  每年夏季左右舉辦的國際展覽

  官網：http://www.collectione.messefrankfurt.com

- **巴黎家飾展**

  每年9月舉辦

  官網：http://www.maison-objet.com

●國家圖書館出版品預行編目資料

找到小家的味道/ 蔡婷如作. -- 初版. --
臺北市 : 三采文化, 2013.07
面 ; 公分. --（創意家 ; 31）

ISBN 978-986-229-910-4（平裝）

1.家庭佈置 2.空間設計

422.5 102007631

suncolor
三采文化集團

創意家 31

找到小家的味道

跟著家居記者突擊25間個人風格小家

作者	蔡婷如（Tina）
主編	郭玫禎
責任編輯	黃若珊
執行編輯	譚聿芯
美術編輯	張凱傑
封面設計	藍秀婷
手繪平面圖	蔡婷如（Tina）
攝影	張繼中
發行人	張輝明
總編輯	曾雅青
發行所	三采文化出版事業有限公司
地址	台北市內湖區瑞光路513巷33號8樓
傳訊	TEL:8797-1234　FAX:8797-1688
網址	www.suncolor.com.tw
郵政劃撥	帳號：14319060
	戶名：三采文化出版事業有限公司
本版發行	2013年7月5日
定價	NT$340

Cozy

Home

Style

Cozy
Home
Style